面向新工科普通高等教育系列教材

Python 程序设计基础及应用

吴　迪　崔连和　马卉宇　编著

机械工业出版社

本书从 Python 的基本概念入手，逐步深入到高级编程技巧，覆盖了基础语法、数据结构、控制流程、函数编程、面向对象程序设计、文件处理、网络爬虫、机器学习及自然语言处理等关键领域。本书不仅提供了实践案例，还涉及当前热门的领域，使读者能够跟上技术发展的步伐，应对日益复杂的编程挑战。

本书可以作为非计算机专业本科、职业本科、专科院校的程序设计课程教材，也可以作为计算机专业本科、专科程序设计基础课程教材，还可以作为 Python 爱好者的自学用书。

本书配有授课电子课件，需要的教师可登录 www.cmpedu.com 免费注册，审核通过后下载，或联系编辑索取（微信：13146070618；电话：010-88379739）。

图书在版编目（CIP）数据

Python 程序设计基础及应用 / 吴迪，崔连和，马卉宇编著. -- 北京：机械工业出版社，2025.6. --（面向新工科普通高等教育系列教材）. -- ISBN 978-7-111-78048-9

Ⅰ. TP312.8

中国国家版本馆 CIP 数据核字第 2025AR3339 号

机械工业出版社（北京市百万庄大街 22 号　邮政编码 100037）
策划编辑：郝建伟　　　　　　责任编辑：郝建伟　张翠翠
责任校对：潘　蕊　李　杉　　责任印制：张　博
河北泓景印刷有限公司印刷
2025 年 7 月第 1 版第 1 次印刷
184mm×240mm・13 印张・305 千字
标准书号：ISBN 978-7-111-78048-9
定价：49.90 元

电话服务　　　　　　　　　　网络服务
客服电话：010-88361066　　　机　工　官　网：www.cmpbook.com
　　　　　010-88379833　　　机　工　官　博：weibo.com/cmp1952
　　　　　010-68326294　　　金　书　网：www.golden-book.com
封底无防伪标均为盗版　　　　机工教育服务网：www.cmpedu.com

前　　言

　　近年来，随着人工智能、信息技术、大数据等领域的迅速发展，Python 语言作为其重要的实现语言也被广泛使用。Python 语言语法规则简单，阅读性较强，理解容易，对初学者友好，并且由于其具有丰富的第三方库，对程序员和相关研究人员实现科学计算、人工智能、数据分析、网站建设、爬虫等领域的功能皆有很大帮助。因此，深入学习 Python 语言是十分有必要的。

　　本书的出发点是对传统的 Python 教材进行内容重组，结合思政教育的要求，既讲解了 Python 基础知识，又聚焦数据分析、自然语言处理、爬虫等项目案例，难度由浅入深，让读者通过本书的系统学习，具备一定的思政素质与解决实际问题的能力。

　　本书共 12 章，主要介绍了 Python 编程中常用的序列、控制结构、函数和模块、常见的第三方库 turtle 绘图库、交互界面库，面向对象程序设计和文件处理等基础知识。在此基础上，介绍了网络爬虫、机器学习，并结合义本挖掘与分析及可视化，介绍了小说自然语言处理以及微信好友数据分析和可视化这两个综合案例。每个案例都提供了详细的代码和数据文件，读者可以通过实践来学习和拓展这些项目案例。

　　本书由齐齐哈尔大学吴迪、崔连和、马卉宇编写。第 1、2、6、7 章由崔连和编写，第 3～5 章由马卉宇编写，第 8～12 章由吴迪编写，全书由崔连和完成统稿。本书是黑龙江省教育科学规划 2023 年重点课题（课题编号 GJB1423173）的研究成果。

　　在本书的编写过程中，参阅了 Python 程序设计相关书籍、网上的一些资料和部分在线学习平台的课程，在此向这些文献资料的作者及团队表示感谢。

　　由于 Python 技术发展日新月异，编者水平有限，书中难免有疏漏之处，敬请读者批评指正，以便修订使之更加完善。

　　最后，特别感谢选择本书的读者，希望本书能够陪伴读者在 Python 编程路上奋勇向前！

　　为了便于教和学，本书配有各章节源代码、教学课件、教学大纲、章节习题和答案、数据文件等材料。各位读者可在网盘中获取这些配套资源。如果资源获取有问题，请发送电子邮件到 924271966@qq.com，邮件主题为"Python 程序设计基础及应用教学资源"。

编　者
2024 年 12 月

目 录

前言
第1章 Python概述 ······ 1
1.1 为什么选择Python ······ 1
1.1.1 Python简介 ······ 1
1.1.2 学习意义 ······ 2
1.1.3 应用领域 ······ 4
1.2 Python安装环境配置 ······ 6
1.2.1 Python安装程序下载与安装 ······ 6
1.2.2 PyCharm的安装与配置 ······ 8
1.2.3 Visual Studio Code的安装与配置 ······ 9
1.3 Python编程规范 ······ 11
1.3.1 命名规则 ······ 11
1.3.2 注释规则 ······ 12
1.3.3 导入规则 ······ 13
1.4 Python常用函数和库概述 ······ 13
1.4.1 常用内置函数 ······ 13
1.4.2 常用第三方库 ······ 14
1.5 习题 ······ 16
第2章 序列 ······ 17
2.1 列表 ······ 17
2.1.1 列表概述 ······ 17
2.1.2 列表常用函数 ······ 18
2.1.3 列表应用实践 ······ 19
2.2 元组 ······ 21
2.2.1 元组概述 ······ 21
2.2.2 元组常用函数 ······ 22
2.2.3 元组应用实践 ······ 22
2.3 字典 ······ 23
2.3.1 字典概述 ······ 23
2.3.2 字典常用函数 ······ 24
2.3.3 字典应用实践 ······ 24
2.4 字符串 ······ 26
2.4.1 字符串概述 ······ 26
2.4.2 字符串常用函数 ······ 26
2.4.3 字符串应用实践 ······ 27
2.5 习题 ······ 28
第3章 控制结构 ······ 29
3.1 结构化程序设计简介 ······ 29
3.2 顺序结构 ······ 29
3.3 选择结构 ······ 30
3.3.1 单分支选择结构 ······ 31
3.3.2 双分支选择结构 ······ 31
3.3.3 多分支选择结构 ······ 32
3.4 循环结构 ······ 34
3.4.1 for循环语句 ······ 34
3.4.2 while循环语句 ······ 36
3.4.3 循环嵌套 ······ 37
3.5 案例——党史知识问答游戏 ······ 39
3.6 习题 ······ 42
第4章 函数和模块 ······ 43
4.1 函数的定义和调用 ······ 43
4.2 函数的参数 ······ 47
4.2.1 形参和实参 ······ 47
4.2.2 默认参数 ······ 48
4.2.3 关键字参数 ······ 49
4.2.4 位置参数 ······ 51
4.2.5 可变长度参数 ······ 52
4.3 函数的返回值 ······ 54
4.4 变量的作用域 ······ 57
4.4.1 全局变量 ······ 57
4.4.2 局部变量 ······ 58
4.4.3 global关键字 ······ 58
4.4.4 nonlocal关键字 ······ 59

目　录

4.5　递归函数 59
  4.5.1　递归函数的定义 59
  4.5.2　递归函数的原理 60
4.6　匿名函数 60
4.7　模块和库 61
  4.7.1　模块的定义和导入 61
  4.7.2　标准库 64
  4.7.3　第三方库 66
4.8　案例——选手打分 67
4.9　习题 68

第 5 章　turtle 库 71
5.1　turtle 库简介 71
5.2　turtle 库常见方法 72
  5.2.1　运动控制 72
  5.2.2　画笔控制 72
  5.2.3　视窗控制 73
5.3　案例 74
  5.3.1　多边形 74
  5.3.2　复杂几何图形 75
  5.3.3　小屋 80
  5.3.4　樱花 82
5.4　习题 84

第 6 章　交互界面库 86
6.1　Tkinter 简介 86
6.2　Tkinter 常见控件 87
  6.2.1　标签控件 89
  6.2.2　文本框控件 91
  6.2.3　菜单控件 95
  6.2.4　列表框控件 97
  6.2.5　按钮控件 99
  6.2.6　对话框 100
6.3　EasyGUI 库简介 102
6.4　案例——计算器 104
6.5　习题 111

第 7 章　面向对象程序设计 113
7.1　面向对象程序设计概述 113
7.2　类的定义 114

7.3　类的属性和方法 115
7.4　继承和多态 117
7.5　案例——弹球游戏 119
7.6　习题 124

第 8 章　文件处理 126
8.1　文件处理概述 126
8.2　文本文件处理方法 127
8.3　Excel 文件处理方法 129
8.4　CSV 文件处理方法 132
8.5　案例——阳光分班 134
8.6　习题 138

第 9 章　网络爬虫 140
9.1　网络爬虫简介 140
9.2　数据爬取 141
  9.2.1　Requests 库 141
  9.2.2　urlib 库 142
9.3　数据解析 144
9.4　案例 147
  9.4.1　虎扑网球员信息爬取 147
  9.4.2　《三国演义》小说爬取 149
9.5　习题 152

第 10 章　机器学习 153
10.1　机器学习和人工智能概述 153
10.2　KNN 分类模型 156
  10.2.1　算法简介 156
  10.2.2　模型训练 157
  10.2.3　算法应用实例 158
10.3　回归分类模型 161
  10.3.1　算法简介 161
  10.3.2　模型训练 162
  10.3.3　算法应用实例 163
10.4　案例——短文本作者性别
  识别 167
  10.4.1　问题描述 167
  10.4.2　特征值计算 167
  10.4.3　模型应用 169
10.5　习题 171

第 11 章 综合案例——小说自然语言处理 172

- 11.1 自然语言处理概述 172
- 11.2 案例问题描述 174
- 11.3 分词词性和词频统计 174
  - 11.3.1 分词简介和使用 174
  - 11.3.2 词性和词频计算 176
  - 11.3.3 案例实现 177
- 11.4 小说词云可视化 180
  - 11.4.1 词云简介 180
  - 11.4.2 词云实现 180
- 11.5 小说人名统计可视化 183
  - 11.5.1 人名统计 184
  - 11.5.2 人名可视化 185
- 11.6 习题 187

第 12 章 综合案例——微信好友数据分析和可视化 188

- 12.1 微信好友数据分析概述 188
- 12.2 微信好友数据获取和处理 189
  - 12.2.1 微信登录和好友数据下载 189
  - 12.2.2 性别分析可视化 191
  - 12.2.3 省份城市地图可视化 194
  - 12.2.4 昵称分析可视化 197
  - 12.2.5 签名情感极性分类 199
- 12.3 习题 201

参考文献 202

第 1 章 Python 概述

本章导读

Python 是一种面向对象的解释型的程序设计语言,也是一种功能强大而完善的通用型语言。其语法简洁,具有丰富和强大的类库,足以支持绝大多数日常应用。

本章主要介绍 Python 语言的特点、学习意义、相关应用领域、Python 安装和相关 IDE,以及通过案例介绍常用内置函数和类库。

学习目标

1. 了解 Python 语言的重要性和概念。
2. 理解 Python 语言的学习意义。
3. 学会安装和部署 Python 平台。
4. 了解 Python 编程规范。
5. 了解 Python 常用函数和第三方库。

1.1 为什么选择 Python

1.1.1 Python 简介

Python 由 Guido van Rossum 于 1989 年发明,已经有 30 多年的发展历史,成熟且稳定。Python 语言的特点是:

1)简单易学,对初学者很友好。相对于其他编程语言,Python 关键字比较少,结构简单,语法容易理解,能够让人更专注于解决问题本身,而不是去弄懂语言。

2)类库丰富。Python 的标准库非常庞大,覆盖了单元测试、网络、文件、线程、GUI、数据库、浏览器、文本等各种操作。用 Python 开发应用程序,许多功能不必从头编写,直接使用现成的库即可。除此之外,Python 还有许多高质量的第三方库,可供用户下载、安装、使用,如网站开发、游戏编程、机器学习、深度学习、图像处理等。

扫码看视频

3）可移植性好。由于 Python 的开源性，它已经被移植到多个主流平台上，如 Linux、Windows、Android 等。

4）面向对象。Python 既支持面向过程编程，也支持面向对象编程。在面向过程编程中，程序员可以复用代码；在面向对象编程中，程序员可以使用基于数据和函数的对象。

5）可解释性。在计算机内部，Python 解释器把源代码转换成字节码，然后把字节码翻译成机器语言并运行。这使得使用 Python 更加简单，也使得 Python 程序更加易于移植。Python 程序执行过程如图 1-1 所示。

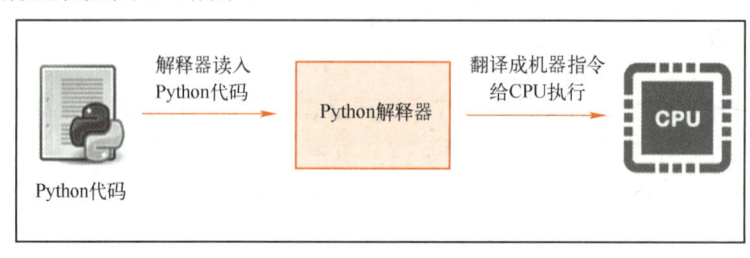

图 1-1 Python 程序执行过程

6）代码规范。Python 采用强制缩进方式，使得代码具有较好的可读性，而良好的可读性带来了比其他语言更优秀的可重用性和可维护性。

7）可嵌入其他语言。Python 语言介于脚本语言和系统语言之间，可以将 Python 嵌入 C/C++程序，让用户获得"脚本化"的能力。

8）免费和开源。Python 是 FLOSS（自由/开放源码软件）之一，可以自由地发布软件备份、阅读和修改其源代码，抽取其中一部分代码自由地用于新项目中。

9）应用领域广泛。Python 程序可广泛应用于各个场景，如 Web 开发、自动化运维、Linux 系统管理、数据分析、科学计算、人工智能、机器学习等。

10）运行速度比较慢。和 C 程序相比，Python 的运行速度比较慢。因为 Python 是解释型语言，代码在执行时会一行一行地翻译成 CPU 能理解的机器码，所以相对其他语言比较慢，牺牲了性能，却提升了开发效率。程序员可以不必关注底层细节实现，而把精力放在编程实现上。

11）代码不能加密。发布 Python 程序，实际上就是发布源代码，这一点跟 C 语言不同，C 语言不用发布源代码，只需要把编译后的机器码发布出去。要从机器码反推出 C 代码是不可能的，所以凡是编译型的语言都没有这个问题，而解释型的语言则必须把源码发布出去。

1.1.2 学习意义

对于普通人来说，学习 Python 能极大地提高办公效率。在工作过程中，经常会遇到一些机械重复的工作或事务，非常浪费时间。而 Python 可以将许多机械重复的工作变得简单。例如：

1）可以使用 Python 进行文本处理，如统计词频、绘制词云、提取人名等。

2）可以使用 Python 编写 Excel 自动化整理工具，让表格更容易整理，使得教师在统计成绩、统计出勤率等工作中特别便捷。

3）可以使用 Python 编写爬虫，在网站搜集信息，使用这种方法收集的数据比通过调查问卷得到的数据更加真实、可靠。

4）可利用 Python 进行图像识别、图像对比，例如，大量的报销票据，一张一张地输入车票信息太过烦琐，使用 Python 编程则可以轻松提取车票图片中的车次、费用、姓名等信息，自动填入报账系统中。

Python 语言入门相对其他编程语言要容易很多，因为其语法简单，代码可读性高，让人们更专注于解决实际问题，而不是细枝末节的琐事。它突破了传统程序设计语言入门困难的语法障碍，初学者在学习 Python 的同时，还能够锻炼逻辑思维，同时 Python 也是入门人工智能的首选语言。

应用提醒：以应用为目的，以兴趣做引擎，不管哪个专业的学生，Python 都可以为其提供强大的辅助，极大地助力其快速成长。

强大的 Python 学习社区中有各种学习资源，在人们遇到问题时，能提供大量的 Python 学习帮助。

Python 语言的市场需求巨大，应用领域广泛。来自智联招聘、前程无忧、中华英才网等招聘网站的数据显示，对于 Python 技术人才的需求在不断增加，日均需求量甚至达到了 15000 人次以上，北上广深等一线城市的需求数量更是庞大。根据 Indeed 的数据，Python 是收入排名第二的计算机语言。在互联网大环境下，Web 开发、人工智能、大数据、数据科学等领域非常适合 Python 的发展，因此选择学习 Python 将有非常大的发展空间。

Python 的火爆不仅表现在程序员和编程爱好者的圈子里，还进入了部分省市有关信息技术的教科书里。

总之，Python 是最适合零基础学习的编程语言，未来发展前景良好。从 Python 学起，读者很快就能运用 Python 编程的底层逻辑去学习其他语言。表 1-1 是 TIOBE 公布的 2024 年 11 月编程语言排行榜（前 10 名），如表 1-1 所示。

表 1-1　TIOBE 公布的 2024 年 11 月编程语言排行榜（前 10 名）

排名	编程语言	占有率	同比变化
1	Python	22.85%	+8.69%
2	C++	10.64%	+0.29%
3	Java	9.6%	+1.26%
4	C	9.01%	-2.76%
5	C#	4.98%	-2.67%
6	JavaScript	3.71%	+0.5%
7	Go	2.35%	+1.16%
8	Fortran	1.97%	+0.67%
9	Visual Basic	1.95%	-0.15%
10	SQL	1.94%	+0.05%

> **应用提醒**：TIOBE 编程社区指数反映了编程语言的受欢迎程度。该指数每月更新一次，评级基于全球熟练工程师、课程和第三方供应商的数量。

Python 是否能保持第一的位置取决于人工智能的普及程度，比如像 ChatGPT 这样的工具仍然是热门话题并吸引新加入者，那么 Python 肯定会保持其领先地位。ChatGPT 等人工智能应用对 Python 编程语言产生了积极的影响，推动了 Python 的普及和发展，在文本处理和 NLP（自然语言处理）领域提升了 Python 的地位，促进了 Python 生态系统的成长，并鼓励开发者参与到开源社区中。

1.1.3 应用领域

Python 的主要应用领域如下。

1）Web 应用开发。Python 包含标准的 Internet 模块，可用于实现网络通信及应用。例如，通过 mod_wsgi 模块，Apache 可以运行用 Python 语言编写的 Web 程序。Python 的第三方 Web 框架，如 Django、TurboGears、web2py、Tornado、Flask 等，可让用户快速实现一个功能强大的 Web 网站，轻松地开发和管理复杂的 Web 程序。此外，Python 支持最新的 XML 技术，具有强大的数据处理能力。目前，许多大型网站均是用 Python 开发的，如全球最大的搜索引擎 Google 在其网络搜索系统中就广泛使用 Python 语言；集电影、读书、音乐于一体的豆瓣网也是使用 Python 实现的；全球最大的视频网站 YouTube、网络文件同步工具 Dropbox 等也是用 Python 开发的。

2）科学计算和统计。专用的科学计算扩展库，如用于快速数组和矩阵处理的 NumPy、数值运算的 SciPy、绘图的 Matplotlib、三维可视化库 VTK、医学图像处理库 ITK 等，分别为 Python 提供了调用接口。因此，Python 语言及其众多的扩展库所构成的开发环境十分适合工程技术、科研人员处理实验数据、制作图表、绘制高质量的 2D 和 3D 图像，甚至开发科学计算应用程序。

3）人工智能与大数据。当 AI 时代来临后，Python 语言因基于大数据分析和深度学习而发展起来的人工智能而成为主流的编程语言，它从众多编程语言中脱颖而出，得到广泛的支持和应用。目前，世界优秀的人工智能学习框架，如 Scikit-learn（机器学习框架）、Google 的 TensorFlow（神经网络框架）、Facebook 的 PyTorch（神经网络框架）和开源社区的神经网络库 Karas 等，都是用 Python 语言实现的。微软的 CNTK（认知工具包）也完全支持 Python 语言，而且微软的 VSCode 已经把 Python 语言作为第一级语言进行支持。尤其是在 PyTorch 出现之后，Python 作为 AI 时代领先语言的位置基本确定。

> **应用提醒**：如果读者有兴趣在人工智能领域发展，成为一名 IT 领域非常"火"的人工智能工程师，那么 Python 语言将是最好的工具和伙伴。

当前，互联网、大数据、云计算、人工智能、区块链等新技术深刻演变，产业数字化、智能化、绿色化转型不断加速，智能产业、数字经济蓬勃发展，极大地改变了全球要素资源配置方式、产业发展模式和人们的生活方式。因此，加快发展新一代人工智能，是赢得全球科技竞争主动权的重要战略抓手，也是推动我国科技跨越发展、产业优化升级、生产力整体跃升的重要战略资源。

4）系统运维。运维在互联网时代一直具有举足轻重的作用，伴随着云计算、物联网的到来，无论数据还是服务器，规模都达到空前的庞大，企业对运维人员的需求由运行维护逐渐转变为研发型运维。Python 语言是每个运维工程师标配的编程语言，在自动化运维方面已经获得了广泛的应用，能满足绝大部分自动化运维的需求。几乎所有的互联网公司，自动化运维的标准配置就是 Python + Django/Flask，主要原因就在于 Python 标准库包含多个调用操作系统功能的库。通过 pywin32 库，Python 能够访问 Windows 的 COM 服务及其他 Windows API。通过 IronPython 库，Python 程序能够直接调用.NET Framework。另外，在很多操作系统里，Python 是标准的系统组件。大多数 Linux 发行版以及 NetBSD、OpenBSD 和 mac OS X 都集成了 Python，可以在终端直接运行 Python。一般来说，Python 编写的系统管理脚本在可读性、性能、代码重用度、扩展性等方面都优于普通的 Shell 脚本，使得产品生命周期变得完整了。

5）图形界面开发。从 Python 语言诞生之日起，就有许多优秀的 GUI 工具集整合到 Python 当中，使用 PySide、PySimpleGUI、Kivy、Tkinter、wxPython、PyQt 库等可以开发跨平台的桌面软件。这些优秀的 GUI 工具集使得 Python 也可以在图形界面编程领域大展身手。任何一款拿过来，都可以开发界面美观的 GUI 应用。

6）云计算开发。目前很"火"的云计算框架 OpenStack 就是使用 Python 开发的。如果想要深入学习并进行二次开发，就需要具备 Python 的技能。

7）爬虫。也称网络蜘蛛，是大数据行业获取数据的核心工具。没有网络爬虫自动、大批量、不分昼夜、高智能地在互联网上爬取免费的有用数据或者信息，那些大数据相关的公司至少减少一半。能够编写网络爬虫的编程语言不少，但 Python 绝对处于霸主地位。因为使用其进行数据爬取比其他语言代码更简洁，效率更高。Python 自带的 urllib 库，以及第三方的 requests 库、Selenium 库和 BeautifulSoup 库及 Scrapy 框架让开发爬虫变得非常容易。Google 等搜索引擎公司大量地使用 Python 语言编写网络爬虫。如果想从事该领域的工作，则需要深入了解爬虫策略、高性能异步 I/O、分布式爬虫等概念，需要对 Scrapy 框架源码进行深入剖析，理解其原理，从而能够实现更符合自身业务的、自定义的爬虫框架。

8）数据分析。当爬虫爬取到足够多的数据后，数据分析就成为必不可少的工作。在人量数据的基础上，结合科学计算、机器学习等技术，对数据进行清洗、去重、规格化和针对性的分析是大数据行业的基石，而 Python 正是数据分析的主流语言之一。

9）游戏开发。很多游戏使用 C++编写图形显示等高性能模块，而使用 Python 编写游戏的逻辑、服务器，这得益于 Python 强大的高性能游戏引擎技术。Python 支持更多的特性和数据类型，而且 PyGame、Pyglet、Cocos 2d、Panda3D 等库也为 Python 进行游戏开发提供了坚实的基础。

> 应用提醒：《文明》（*Sid Meier's Civilization*）系列游戏，就是使用 Python 开发的，可玩性非常高。

1.2 Python 安装环境配置

1.2.1 Python 安装程序下载与安装

首先，进入 Python 官方网站，打开链接 https://www.python.org/downloads/，选择对应本机操作系统的 Python 版本下载。这里选择的是 Windows 操作系统下的某个 64 位 Python 版本，如图 1-2 所示。

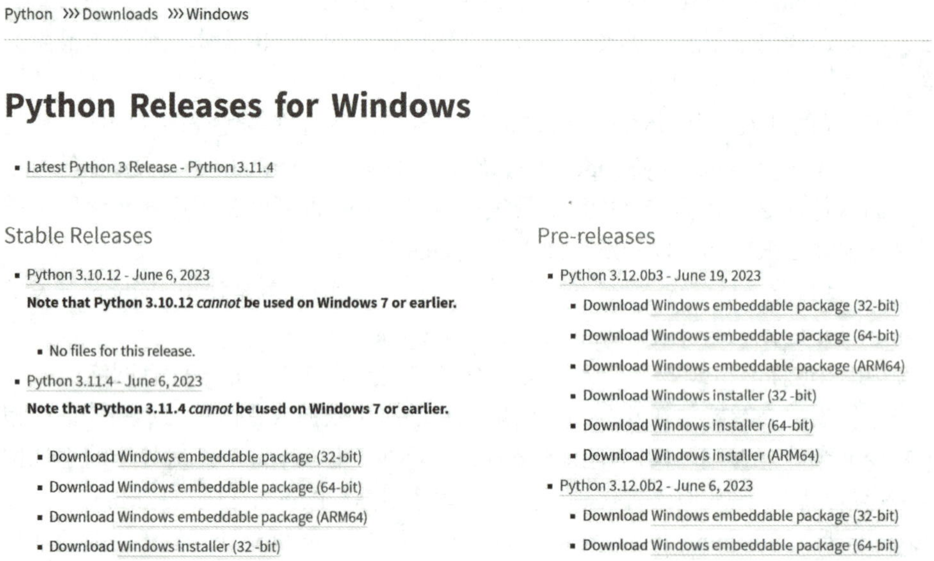

图 1-2　Python 软件下载

下载完成后，双击下载包，进入 Python 安装向导，如图 1-3 所示。选择自定义安装，并勾选"Add Python 3.5 to PATH"复选框。配置环境变量的目的是在命令提示符的任意目录下都可以执行 Python 命令。如果没有配置环境变量或配置有误，那么直接输入 Python 就会提示：Python 不是内部或外部命令，也不是可运行的程序或批处理文件。

其他安装步骤非常简单，只需要使用默认的设置，然后一直单击"下一步"按钮，直到安装完成即可。在高级选项界面中可以选择自己的安装路径，例如，可以选择前面创建的 C:\User\IEUser\AppData\Local\Programs\Python\Python35 文件夹，这样可以方便地找到 Python 源代码。

图 1-3　Python 软件安装向导

安装完 Python 之后，接着运行 Python，撰写第一个 Python 程序。运行 Python 的方法很多，这里只介绍一种，即使用交互式开发环境 IDLE。在计算机桌面单击"开始"按钮，找到"程序"菜单里的"Python"选项，选择"IDLE（Python 3.9 64-bit）"选项，如图 1-4 所示。

图 1-4　选择 IDLE 交互式开发环境

打开 IDLE 交互式开发环境 Python Shell，输入 print("helloworld")，按〈Enter〉键，如图 1-5 所示，表示已安装成功。

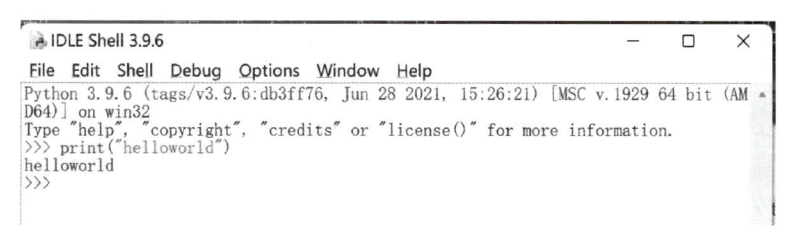

图 1-5　IDLE 交互式开发环境安装成功

这种 Python 命令行只适合写简短的语句，绝大部分功能复杂的长代码可以通过打开和

7

新建 Python 程序源文件的方式撰写。在 IDLE 交互式开发环境中选择 File→New File 命令，新建以.py 为扩展名的程序文件，就可以输入代码了，如图 1-6 所示。

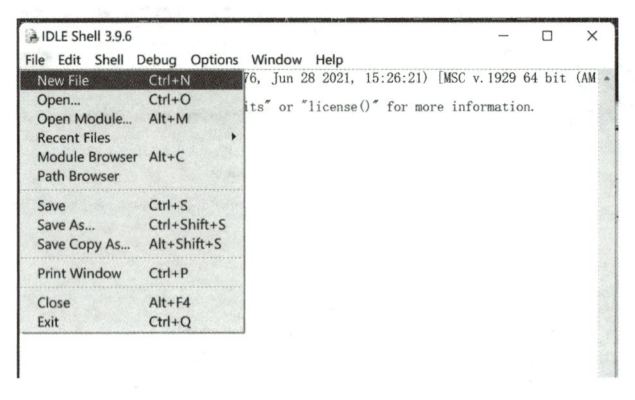

图 1-6　新建 Python 文件

新建.py 文件之后，输入代码 print("helloworld")，然后选择 Run→Run Module 命令，或者直接按〈F5〉键也可以，这时，就会在 Python Shell 里运行这个 Python 文件，如图 1-7 所示。

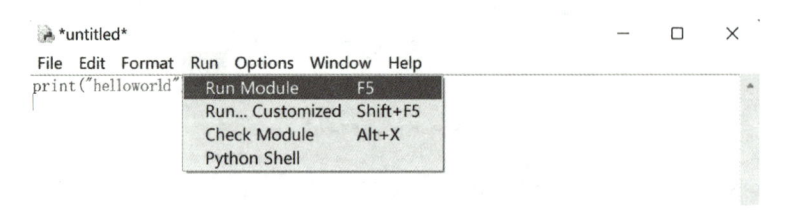

图 1-7　运行 Python 文件

1.2.2　PyCharm 的安装与配置

IDE（Integrated Development Environment）是集成开发环境，目前最常见的 Python 语言 IDE 是 PyCharm。该软件是由 JetBrains 打造的一款 Python IDE，支持 mac OS、Windows 和 Linux 操作系统。PyCharm 的主要功能包括调试、语法高亮、项目管理、代码跳转、智能提示、自动完成、单元测试、版本控制等。

首先，从官网（https://www.jetbrains.com/ pycharm/download）下载 PyCharm，如图 1-8 所示。

PyCharm 分为 Professional（专业）版本和 Community（社区）版本。Community 版本是免费的，不需要激活，适用于纯 Python 开发。如果只是学习 Python，使用这个版本即可。

该软件的安装过程比较简单，可直接双击下载好的 .exe 文件进行安装。用户只需要使用默认的设置，然后一直单击"下一步"按钮，直到安装完成即可。PyCharm 安装如图 1-9 所示。

图 1-8　PyCharm 下载

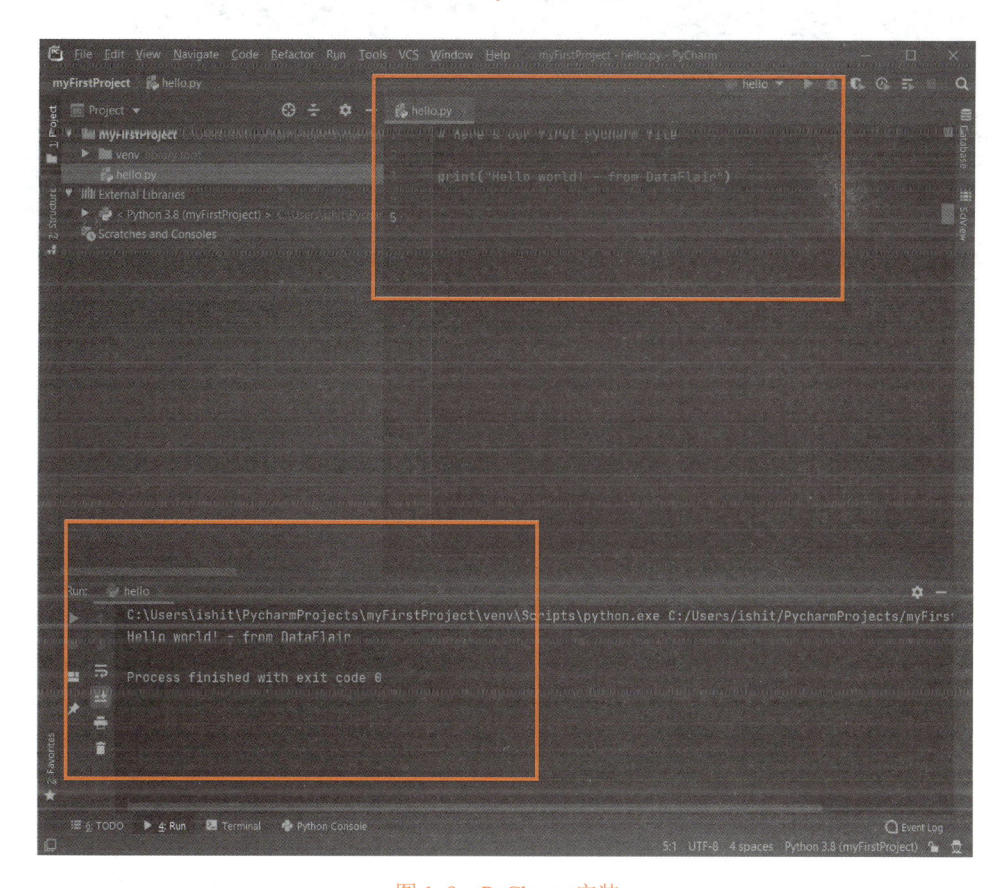

图 1-9　PyCharm 安装

1.2.3　Visual Studio Code 的安装与配置

Visual Studio Code 简称 VS Code，是由微软开发的跨平台免费开源的 IDE。由于其开源、轻量、跨平台、模块化、快速、插件丰富、启动时间快、第三方扩展生态强大等特点，在 2015 年推出之后就迅速发展为非常受欢迎的开发环境，成为能够媲美 PyCharm 的优秀 IDE。首先，从官网（https://code.visualstudio.com/）下载 VS Code，如图 1-10 所示。

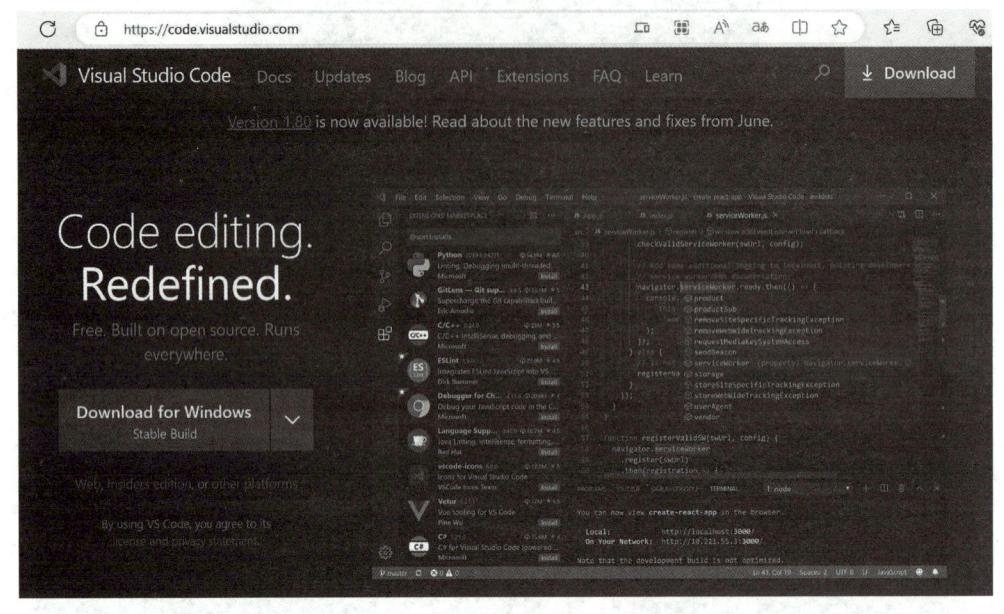

图 1-10　VS Code 下载

安装过程比较简单，可直接双击下载好的 .exe 文件进行安装。用户只需要使用默认的设置，然后一直单击"下一步"按钮，直到安装完成即可。VS Code 安装如图 1-11 所示。

图 1-11　VS Code 安装

为了运行 Python 代码，需要安装官方的 Python 支持插件，单击扩展按钮，可看到支持的各种插件，单击界面中 Python 的 Install 按钮，安装 Python 插件，如图 1-12 所示。

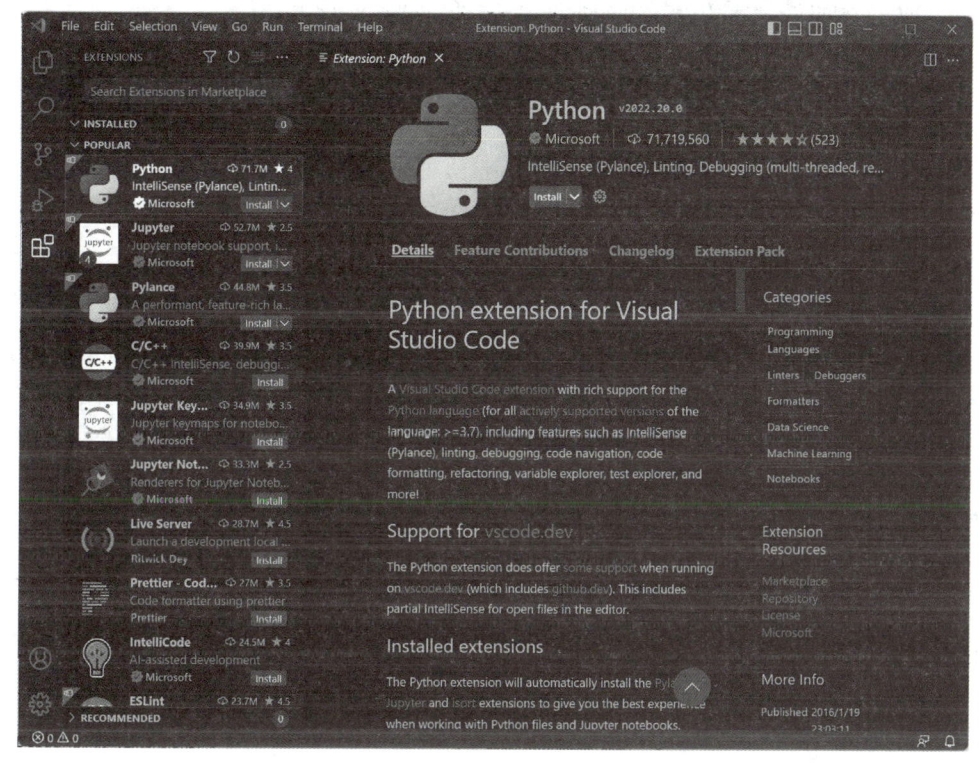

图 1-12　VS Code 安装 Python 插件

接下来就可以创建项目和文件，开始 Python 编程之旅。

1.3　Python 编程规范

1.3.1　命名规则

"欲知平直，则必准绳；欲知方圆，则必规矩；人主欲自知，则必直士。"出自《吕氏春秋》。意思是，要想知道平直与否，就必须借助水准墨线；要想知道方圆与否，就必须借助圆规矩尺；君主要想知道自己的过失，就必须任用直谏之士。

在 Python 中，合法的标识符所使用的字符集包括 26 个英文大小写字母、0~9 这 10 个阿拉伯数字和下画线。好的标识符名称应该能让人见名知义，简洁明了。变量名、函数名称、类名、模块名和文件名等的标识符，其第一个字符必须是 26 个英文大小写字母或者下画线，不允许含有空格或者任何的标点符号，而且大小写敏感。

案例 1-1：变量的命名（完整代码见网盘 1-1 文件夹）

In [1]: stuname='吴迪' #学生姓名，字符串类型变量
In [2]: computergrade=88 #专业课成绩，整数类型变量

```
Out[3]: print("学生姓名：",stuname,type(stuname))
Out[4]: print("专业课成绩：",computergrade,type(computergrade))
In [5]: computergrade='88' #专业课成绩，字符串类型变量
Out[6]: print("专业课成绩：",computergrade,type(computergrade))
```

程序运行结果：

```
学生姓名：   吴迪 <class 'str'>
专业课成绩：  88 <class 'int'>
专业课成绩：  88 <class 'str'>
```

程序结果分析：

从案例 1-1 可以看出，stuname 和 computergrade 变量的命名符合规则，名如其义，分别是学生姓名和计算机专业课成绩。另外，通过赋值运算符"="将变量和值连接起来，变量的赋值操作就完成了声明和定义的过程，而在其他语言中（比如 C、Java），需要提前定制数据类型。从对 computergrade 的赋值可以看出，同一变量可以反复赋值，而且可以是不同类型的值，这也是 Python 被称为动态语言的原因。

> **应用提醒**：注释的最大作用是提高程序的可读性。没有注释的程序简直就是"天书"，所以很多程序员宁愿自己去重新开发一个功能模块，也不愿意去修改别人的代码，就是因为没有合理的注释。

1.3.2 注释规则

Python 中的注释语法有 3 种：单行注释、多行注释和文件注释。注释的主要目的是方便别人理解你的代码。

代码一般采用单行注释和多行注释，以解释写代码的目的和实现方法。单行注释使用#号，一般放在代码的上方或者右方，如案例 1-1 中的注释所示。多行注释使用三重单引号(''')，上下成对出现，中间是注释内容。例如，注释内容可以是代码段的功能、参数、返回值等信息，这些注释可以被编辑器、交互式帮助工具等程序自动读取和显示，对于代码的使用与维护十分有帮助。

文件注释是指在代码文件最上面进行多行字符串注释来描述文件版权信息、作者信息、编码时间、功能描述、历史版本等。

案例 1-2：文件注释（完整代码见网盘 1-2 文件夹）

```
#-*- coding:utf-8 -*-
#版权所有：教材编写小组
#作者：吴迪
#编写日期：2023.07.01
#文件描述：变量的命名和输出
```

1.3.3 导入规则

在 Python 编程中，模块的导入是非常重要的一环，因为它不仅可以组织代码和提高代码的复用率，还可以提高代码的可读性和可维护性。所谓的模块其实就是一个外部的工具包，该包可实现某种特定的功能，导入包之后就可直接使用该包提供的功能。

在 Python 中，有多种不同的模块导入方式，使用最多的就是使用 import 方式进行导入。导入的包一般放在代码文件的最前面。

语法格式：import 模块名。

例如，import math，表示导入 math 模块，在文件中就可以使用 math 模块名作为前缀来访问模块中的函数和变量，如 result = math.sqrt(81)。

上面的"import 模块名"表示导入该模块内所有的函数，但如果只想使用该模块中特定的函数，则可以使用 from … import …语句来导入。

语法格式：from 模块名 import 特定函数。

例如，从 math 模块导入 sqrt() 函数，可以写为 from math import sqrt。这样，就可以直接使用 sqrt()函数，无须使用模块名作为前缀，如 result = sqrt(81)。

通过这些规范的模块导入方式，可以使得代码更易读、易维护。

1.4 Python 常用函数和库概述

1.4.1 常用内置函数

Python 解释器自带的函数称为"内置函数"，这些函数不需要使用 import 语句额外导入就可以直接使用。常见的内置函数如表 1-2 所示。

表 1-2 常见的内置函数

序号	内置函数	描述
1	input([prompt])	获取用户输入，内置参数是输入提示语句
2	print(value, ..., sep=' ', end='\n', file = sys.stdout, flush=False)	输出函数
3	float(object)	字符串和数字转换为浮点数
4	int(object)	字符串和数字转换为整数
5	pow(x,y[,z])	x 的 y 次幂（所得结果对 z 取模）
6	divmod(x, y)	返回包含整商和余数的元组((x-x%y)/y, x%y)
7	max(x)、min(x)	返回可迭代对象 x 中的最大值、最小值，要求 x 中的所有元素之间可比较大小，允许指定排序规则和 x 为空时返回的默认值
8	open(name[, mode])	以指定模式 mode 打开名为 name 的文件并返回文件对象
9	range([start,] end [, step])	返回 range 对象，其中包含左闭右开区间[start,end)内以 step 为步长的整数

输入/输出内置函数的使用如案例 1-3 所示。

案例 1-3：内置函数（完整代码见网盘 1-3 文件夹）

```
In [1]: first_name=input("请输入你的姓：")
In [2]: last_name=input("请输入你的名：")
Out[3]: print('你好, %s%s!' %(first_name, last_name))
```

程序运行结果：

请输入你的姓：吴
请输入你的名：迪
你好，吴迪!

数学相关内置函数的使用如案例 1-4 所示。

案例 1-4：内置函数（完整代码见网盘 1-4 文件夹）

```
In [1]: x = int(input('请输入一个三位数：'))
In [2]: a, b = divmod(x, 100)
In [3]: b, c = divmod(b, 10)
Out[4]: print(a, b, c)
```

程序运行结果：

请输入一个三位数：389
3 8 9

程序结果分析：

从案例可以看出，首先通过 input()函数输入一个 3 位数，再用 int()函数将输入的数字转换为整数型，因为 input()函数的输入默认为字符串型。接着用 divmod(x,100)函数使 a 存储整商，b 存储余数。再通过 divmod(b,10)函数使 b 存储整商，c 存储余数。最后输出存储百位数字的 a，存储十位数字的 b，存储个位数字的 c。

1.4.2 常用第三方库

应用提醒：Python 的强大之处除了简洁易用外，还有着广泛的第三方库支持，据统计，Python 支持的第三方库超过 15 万个，几乎覆盖信息技术的所有领域。

常用的第三方库如表 1-3 所示。

表 1-3 常用的第三方库

序号	第三方库	功能
1	jieba	自然语言文本处理库，jieba 是优秀的中文分词第三方库，通过中文词库的方式来识别分词。除了分词，用户还可以添加自定义的词组
2	PyQt	界面设计开发库，基于 PyQt 的 QtDesigner 设计工具，用户可以直接拖动 Qt 大量的控件快速构建出自己的桌面应用，简单而又快捷
3	math	数学计算库，Python 定义了一些新的数字类型，以弥补之前数字类型可能的不足。math 库补充了一些重要的数学常数和数学函数，如 pi、三角函数等

（续）

序号	第三方库	功能
4	NumPy	NumPy 是 Python 科学计算的基础工具包，包括统计学、线性代数、矩阵数学、金融操作等，很多 Python 数据计算工作库都依赖它。NumPy 支持大量的维度数组与矩阵运算，也针对数组运算提供大量的数学函数库
5	turtle	简单绘图库，属于入门级的图形绘制函数库。turtle 库通过控制光标在画布上游走，走过的轨迹形成了绘制的图形，可以自由改变颜色、方向宽度等
6	Matplotlib	工程绘图库，它是 Python 常用的 2D 绘图库，同时它也提供了一部分 3D 绘图接口。Matplotlib 通常与 NumPy、Pandas 一起使用，是数据分析中不可或缺的重要工具之一
7	Beautifulsoup、Requests	爬虫开发库，Requests 网络请求库基于 urllib，提供多种网络请求方法并可定义复杂的发送信息，对 HTTP 进行高度封装，支持非常丰富的链接访问功能。Beautiful Soup 简称 BS4，可以从 HTML 或 XML 文档中快速地提取指定的数据。Beautiful Soup 语法简单，使用方便，容易理解
8	Pygame	游戏开发库。基于 Python 的多媒体开发和游戏软件开发模块，包含大量游戏和图像处理功能。Pygame 是一个开源的 Python 模块，可以用于 2D 游戏制作，包含对图像、声音、视频、事件、碰撞等的支持。Pygame 建立在 SDL 的基础上，SDL 是一套跨平台的多媒体开发库，用 C 语言实现，被广泛地应用于游戏、模拟器、播放器等的开发
9	Django、Flask	Web 开发库。Django 是 Python 生态中非常流行的一个开放源代码的 Web 应用框架，采用模型、模板和视图的编写模式，称为 MTV 模式。Flask 是轻量级 Web 应用框架，使用 Flask 开发 Web 应用十分方便，甚至几行代码即可建立一个小型网站
10	Scikit-learn	机器学习库，一个开源的科学计算工具包，基于 SciPy，目前开发者针对不同的应用领域开发出了为数众多的分支版本，它们被统一称为 Scikits，即 SciPy 工具包的意思。而在这些分支版本中，最有名的也是专门面向机器学习的就是 Scikit-learn

random 库的使用如案例 1-5 所示。

案例 1-5：random 库（完整代码见网盘 1-5 文件夹）

In [1]: import random
In [2]: randpername = ['刘备', '关羽', '张飞']
In [3]: randtime = ['今天', '后天', '5 点']
In [4]: randplace = ['在公园', '在地球上', '在图书馆']
In [5]: randdo = ["跑步", "跳绳", "打游戏"]
Out[6]: print(random.choice(randpername),end = '')
Out[7]: print(random.choice(randtime),end ='')
Out[8]: print(random.choice(randplace),end ='')
Out[9]: print(random.choice(randdo))

程序运行结果：

关羽今天在公园跑步

程序结果分析：

从案例可以看出，案例 1-5 首先导入 random 库，然后定义和赋值了 4 个列表，分别是 randpername、randtime、randplace、randdo，最后调用 random.choice()函数随机从列表中挑选一个元素输出。

牛顿曾经说过："如果我看得更远，那是因为我站在巨人的肩膀上。"这与曹雪芹的《临江仙·柳絮》中提到的"好风凭借力，送我上青云"有异曲同工之妙，让我们借助第三方

15

库，让它送你到想要的高度吧。

1.5 习题

1．请查找资料，总结 Python 流行的原因。
2．本学期你打算用 Python 实现一个什么样的软件？主要功能是什么？
3．请利用 Python 函数完成，输入一个参数 x，根据公式计算结果并取整。

$$y = \frac{\sqrt{7x^4 + 5x^2}}{|x^3|}$$

分别输入整数、负数、小数，查看计算结果是否正确。
4．把你的运动爱好列举出来，给这个列表起一个变量名字 games。把你喜欢的食物列举出来，起一个名字 foods。然后将这两个列表连在一起，并把结果命名为 favorites，最后打印出来。
5．创建两个变量：一个指向你的姓，一个指向你的名。创建一个字符串，使用这两个变量打印带有你名字的信息。
6．用户输入一个 3 位自然数，计算并输出其百位、十位和个位上的数字。
7．任意输入 3 个英文单词，按字典顺序输出。
8．程序随机选择一个列表元素并输出结果。
9．实现鸡兔同笼问题。
10．请查询和列举近两年受欢迎的 Python 第三方库。

第 2 章 序 列

本章导读

序列，指的是一块可存放多个值的连续内存空间，Python 中的序列结构有列表（list）、元组（tuple）、字典（dictionary）、集合（set）、字符串以及 range 等对象，也支持很多类似的操作。

本章主要介绍 4 种序列（分别是列表、元组、字典、字符串）的使用方法，并通过第 31 届世界大学生夏季运动会（成都世界大学生夏季运动会）为背景的案例来加深理解和掌握。

学习目标

1. 理解序列的基本思想
2. 掌握列表的常用函数和使用方法
3. 掌握元组的常用函数和使用方法
4. 掌握字典的常用函数和使用方法
5. 掌握字符串的常用函数和使用方法

2.1 列表

2.1.1 列表概述

Python 序列类似于其他编程语言中的数组，但功能要强大很多。所谓序列，指的是一块可存放多个值的连续内存空间，这些值按一定顺序排列，可通过每个值所在位置的编号（称为索引）访问它们。

应用提醒：Python 序列在总体功能上都起着存放数据的作用，却有着各自不同的特点。

列表是 Python 中最常见的序列，列表的所有元素放在一对中括号"[ ]"中，并使用逗号分隔开；当增加或删除列表元素时，列表对象自动进行扩展或收缩内存，保证元素之间没有缝隙；在 Python 中，一个列表中的数据类型可以不相同，可以分别为整数、实数、字符串等基本类型，甚至可以是列表、元组、字典、集合以及其他自定义类型的对象。这些特点是 Python 语言比其他编程语言更加灵活的原因。

例如，根据以上定义，新建以下列表：

本学期小明同学 5 门专业课成绩列表 grade=[88,60,78,90,93]，该列表 grade 由 5 个整数作为列表元素。

本学期小明同学 5 门专业课课程名字 coursename=['软件工程','软件过程和项目管理','Java 程序设计','Python 程序设计基础','Oracle 数据库']，该列表 coursename 由 5 个字符串作为列表元素。

小明同学个人信息列表 infolist=['李小明',20,1.88,'男',['汉堡','可口可乐','松花蛋','驴肉火烧','紫菜蛋花汤']]，该列表 infolist 由 5 个列表元素组成，分别代表姓名（字符串）、年龄（整数）、身高（浮点数）、性别（字符串）和喜欢的食物（列表）。

序列支持双向索引，第一个元素下标为 0，第二个元素下标为 1，以此类推；最后一个元素下标为-1，倒数第二个元素下标为-2，以此类推。

例如，输出 grade 列表的语句是 print(grade)，输出结果为[88,60,78,90,93]。

输出 coursename 列表第一个元素和最后一个元素的语句是 print(coursename[0])和 print(coursename[-1])，结果为：'软件工程'和'Oracle 数据库'。

如果想获取列表中的多个值，则可以采用"切片"方法，类似索引在列表中取值，但是它可以一次取多个值，结果返回一个新的列表。切片是 Python 序列的重要操作之一，适用于列表、元组、字符串、range 对象等类型。

切片的语法结构是 list[a:b:c]，意思是截取列表 list 中索引号 a～b（但不包括 b）中间所有的元素，间隔步长是 c。切片使用 2 个冒号分隔的 3 个数字来完成，第一个数字表示切片开始位置（默认为 0），第二个数字表示切片截止（但不包含）位置（默认为列表长度），第三个数字表示切片的步长（默认为 1）。当步长省略时，可以省略最后一个冒号。

切片操作不会因为下标越界而抛出异常，而是简单地在列表尾部截断或者返回一个空列表，因此代码具有更强的健壮性。

例如，输出 grade 列表前 3 个课程的成绩，语句是 print(grade[0:3])，结果为[88,60,78]。

输出 coursename 列表中间 3 个课程的名字，语句是 print(coursename [-4:-1])，结果为['软件过程和项目管理','Java 程序设计','Python 程序设计基础']。

输出 infolist 列表偶数号索引的个人信息项，语句是 print(infolist [::2])，结果为['李小明',1.88,['汉堡','可口可乐','松花蛋','驴肉火烧','紫菜蛋花汤']]。

2.1.2 列表常用函数

列表常用函数如表 2-1 所示。

表 2-1 列表常用函数

编号	分类	函数	功能
1	列表创建	list()	将元组、range 对象、字符串或其他类型的可迭代对象类型的数据转换为列表
2	列表增加	append()	原地修改列表，在列表尾部添加元素，速度较快。所谓"原地"，是指不改变列表在内存中的首地址
		insert()	将元素添加至列表的指定位置
		extend(L)	将列表 L 中的所有元素添加至列表尾部
3	列表删除	del()	删除列表中指定位置的元素
		clear()	删除列表中的所有元素，但保留列表对象
		pop()	删除并返回指定（默认为最后一个）位置上的元素，如果给定的索引超出了列表的范围，则抛出异常
		remove()	删除首次出现的指定元素，如果列表中不存在要删除的元素，则抛出异常
4	列表查找	index()	获取指定元素首次出现的下标，若列表对象中不存在指定元素，则抛出异常
5	列表统计	count()	统计指定元素在列表对象中出现的次数
6	列表排序	sort()	进行原地排序，支持多种不同的排序方法
		reverse()	列表元素原地逆序
7	其他函数	len(列表)	返回列表中的元素个数，同样适用于元组、字典、集合、字符串等
		max(列表)	返回列表中的最大元素，同样适用于元组、字典、集合、range 对象等
		min(列表)	返回列表中的最小元素，同样适用于元组、字典、集合、range 对象等
		sum(列表)	对列表的元素进行求和运算，对非数值型列表运算需要指定 start 参数，同样适用于元组、range 对象

2.1.3 列表应用实践

下面通过案例让读者了解列表的使用方法，该案例背景是李小明同学这学期上 8 门课程，专业课是"软件工程""软件过程和项目管理""Java 程序设计""Python 程序设计基础""Oracle 数据库"，非专业课是"大学英语""线性代数"和"毛泽东思想和中国特色社会主义理论体系概论"。建立 4 个列表，分别输入这些课程的成绩，并增加一门新课程"操作系统"和对应的成绩（这是上学期不及格的这学期需要补考的课程）。相关代码如案例 2-1a 所示。

案例 2-1a：列表使用方法（完整代码见网盘 2-1 文件夹）

```
In [1]: coursename1=['软件工程','软件过程和项目管理','Java 程序设计','Python 程序设计基础','Oracle 数据库'] #专业课
In [2]: grade1=[88,60,78,90,93] #专业课成绩
In [3]: coursename2=['大学英语','线性代数','毛泽东思想和中国特色社会主义理论体系概论'] #公共课
In [4]: grade2=["中等","优秀","良好"] #公共课成绩
In [5]: coursename1.append("操作系统") #用 append()函数在列表末尾增加一个元素
In [6]: grade1.append(60) #用 append()函数在列表 grade1 末尾增加一个元素 60
Out[6]: print("专业课名字: "coursename1)
Out[7]: print("专业课成绩: "grade1)
```

程序运行结果：

> 专业课名字： ['软件工程', '软件过程和项目管理', 'Java 程序设计', 'Python 程序设计基础', 'Oracle 数据库', '操作系统']
> 专业课成绩： [88, 60, 78, 90, 93, 60]

运行结果分析：

由案例 2-1a 所示，本案例新建 4 个列表，分别输入对应的课程名字和成绩，再在专业课列表中用 append()函数增加一个新的元素"操作系统"和对应的成绩，最后利用 print()函数输出专业课名字和成绩。

李小明同学又觉得应该警醒自己，不能再挂科了，所以，删除了位于列表末尾的"操作系统"，把它加入列表的开头位置，以便一运行程序就能看到。相关代码如案例 2-1b 所示。

案例 2-1b：列表使用方法（完整代码见网盘 2-1 文件夹）

```
In [1]: coursename1.pop()#弹出末尾元素
In [2]: grade1.pop()
In [3]: coursename1.insert(0,"操作系统")#在索引 0 的位置插入元素
In [4]: grade1.insert(0,60)
Out[4]: print("专业课名字："coursename1)
Out[5]: print("专业课成绩："grade1)
```

程序运行结果：

> 专业课名字： ['操作系统','软件工程', '软件过程和项目管理', 'Java 程序设计', 'Python 程序设计基础', 'Oracle 数据库']
> 专业课成绩： [60, 88, 60, 78, 90, 93]

运行结果分析：

由案例 2-1b 所示，本案例在专业课列表中用 pop()函数弹出列表中的末尾元素"操作系统"和对应的成绩，再利用 insert()函数在列表索引 0 的位置输入"操作系统"和对应的成绩，即在列表头部输入元素，最后输出两个专业课列表。

李小明同学接着打算统计自己这学期的专业课水平，比如平均分是多少，最高多少分，是哪门课考得最好，哪门课考得最差，以便更有针对性地弥补和努力。相关代码如案例 2-1c 所示。

案例 2-1c：列表使用方法（完整代码见网盘 2-1 文件夹）

```
Out[1]: print("专业课总成绩：",sum(grade1))
Out[2]: print("专业课平均成绩：",sum(grade1)/len(grade1))
Out[3]: print("专业课最高成绩：",max(grade1))
Out[4]: print("专业课最高成绩的科目：",coursename1[grade1.index(max (grade1))])
Out[5]: print("专业课最低成绩：",min(grade1))
Out[6]: print("专业课最低成绩的科目：",coursename1[grade1.index(min (grade1))])
```

程序运行结果：

专业课总成绩： 469
专业课平均成绩： 78.16666666666667
专业课最高成绩： 93
专业课最高成绩的科目是： Oracle 数据库
专业课最低成绩： 60
专业课最低成绩的科目是： 操作系统

运行结果分析：

由案例 2-1c 所示，本案例分别调用 sum()函数、len()函数、max()函数、min()函数等实现获取列表元素之和、列表长度、列表最高值、列表最低值的功能。其中，语句 coursename1[grade1.index(max(grade1))]首先通过 index()函数获取 grade1 列表中最高值的所在索引，然后输出 coursename1 列表中对应该索引的元素值，即"Oracle 数据库"。

2.2 元组

2.2.1 元组概述

元组和列表类似，不同之处是元组属于不可变序列，即元组一旦创建，用任何方法都不可以修改其内部元素。

元组的定义方式和列表相同，但定义时所有的元素都放在一对圆括号"()"中，而不是方括号"[ ]"中。元组创建很简单，只需要在括号中添加元素，并使用逗号隔开即可。

例如，根据以上定义，新建以下元组：

2023 年成都大学生运动会部分体育项目 sportitem=('射箭','体操','田径','羽毛球','乒乓球')，该元组包含 5 个字符串作为自己的元素。

还可以通过 tuple()函数把列表转换成为元组，如将列表 coursename 转换成为元组的语句是 tuple(coursename)，输出结果为('软件工程','软件过程和项目管理','Java 程序设计','Python 程序设计基础','Oracle 数据库')。

元组和列表相比，元组中的数据一旦定义就不允许更改；元组没有 append()、extend()和 insert()等函数，无法向元组中添加元素；元组没有 remove()或 pop()函数，无法删除元组元素；从效果上看，tuple()冻结列表，即把列表转换为元组，而 list()融化元组，即把元组转换为列表以便编辑。

> **应用提醒**：思考一下，列表和元组之间有什么不同之处。

元组的优点在于：元组的速度比列表更快，如果定义了一系列常量值，所需做的仅是对它进行遍历，那么一般使用元组，而不用列表。元组对不需要改变的数据进行"写保护"，将使得代码更加安全。元组语法的灵活性和便捷性，提高了编程体验，尤其是调用函数可以以元组形式返回多个值，这个特性很常用。

所以，希望数据不改变时，就使用元组，其余情况则使用列表。

2.2.2 元组常用函数

元组常用函数如表 2-2 所示。

表 2-2 元组常用函数

编号	函数	功能
1	tuple()	函数将列表、range 对象、字符串或其他类型的可迭代对象类型的数据转换为元组
2	len(元组)	计算元组内的元素个数
3	max(元组)	返回元组中的最大元素
4	min(元组)	返回元组中的最小元素
5	cmp(tuple1,tuple2)	比较两个元组元素
6	count(元素)	统计元组中某元素的个数并返回
7	index(元素)	计算元组中某元素的最小索引值
8	sorted(元组)	对元组排序，返回一个列表

2.2.3 元组应用实践

下面通过案例让读者了解元组的使用方法，该案例实现对 2023 年成都第 31 届世界大学生运动会中国奖牌数目的介绍。相关代码如案例 2-2 所示。

案例 2-2：元组使用方法（完整代码见网盘 2-2 文件夹）

```
In [1]: sportitem=('射箭','体操') #元组创建和访问
In [2]: collegestudentchina=[9,5,1]#大学生运动会结束时中国获得的金、银、铜奖牌数目
In [3]: cschinanum=tuple(collegestudentchina)#列表变成元组
In [4]: cschinapai=("金牌","银牌","铜牌")
Out[4]: print(cschinanum)
Out[5]: print("金牌数目： ", cschinanum [:1])#输出金牌数目
Out[6]: print(cschinapai + cschinanum) #修改元组，元组连接
In [5]: for pai,num in zip(cschinapai, cschinanum):
            print(pai,num)
Out[7]: del sportitem
Out[8]: print(sportitem)
```

程序运行结果：

```
(9, 5, 2)
金牌数目： (9,)
('金牌', '银牌', '铜牌', 9, 5, 1)
金牌 9
银牌 5
铜牌 1
Traceback (most recent call last):
    File "C:/Users/di/Desktop/2-2 元组.py", line 15, in <module>
```

```
print(sportitem)
NameError: name 'sportitem' is not defined
```

运行结果分析：

由案例 2-2 所示，首先新建了 3 个元组，sportitem 存储大学生运动会部分项目，cschinapai 存储奖品名称，cschinanum 由列表 collegestudentchina 转化，存储中国获取的奖牌数目。接着输出奖牌数目 cschinanum 和金牌数目（cschinanum 元组中第一个元素）。元组内的元素虽然不能修改，但可以修改元组这个整体。如 cschinapai+ cschinanum 元组连接在一起，通过 del 可以删除某个元组，如 sportitem，所以案例最后的 print(sportitem)得到错误提示，sportitem 不存在。

案例中出现的 zip()函数用于将可迭代的对象作为参数，将对象中对应的元素打包成一个个元组，然后返回由这些元组组成的对象，这样做的好处是节约了不少的内存。所以案例中，zip(cschinapai, cschinanum)将两个元组（cschinapai 和 cschinanum）中的每个元素一一对应,('金牌',9), ('银牌',5), ('铜牌',1) 打包变成 3 个元组，再用 for 循环依次输出每个结果。

2.3 字典

2.3.1 字典概述

字典是无序可变序列，内部元素由键和值组成。字典相当于保存了两组数据，其中一组数据是关键数据，被称为 key（键），另一组数据可通过 key 来访问，被称为 value（值）。字典中的键可以为任意不可变数据，如整数、实数、复数、字符串、元组等。由于字典中的 key 是非常关键的数据，而且程序需要通过 key 来访问 value，因此字典中的 key 不允许重复。定义字典时，每个元素的键和值用冒号分隔，元素之间用逗号分隔，所有的元素放在一对大括号"{ }"中。

> **应用提醒**：字典语法格式是 d = {key1 : value1, key2 : value2, …}

例如，根据以上定义，新建以下字典：

2023 年成都世界大学生运动会优秀运动员吴思宁个人信息字典 wusiningdict={'姓名': '吴思宁','年龄': 26,'身高':173,'成绩':'大学生运动会女子 100m 跨栏比赛荣获 1 银牌','兴趣爱好':['唱歌','跳舞','逛街','运动']}。

也可以利用已有数据创建字典，语句如下。

```
jiangpainame=['金牌','银牌','铜牌']
jiangpaivalue=[0,1,0]
num1= dict(zip(jiangpainame, jiangpaivalue))
```

那么，字典 num1 的值是{'金牌':0,'银牌':1,'铜牌':0}。

综上所述，程序既可使用花括号来创建字典，也可使用 dict() 函数来创建字典。

2.3.2 字典常用函数

字典常用函数如表 2-3 所示。

表 2-3 字典常用函数

编号	函数	功能
1	dict()	无参数时生成空字典。有参数时有两种形式：一种是序列型数据参数 list 或 tuple，它的每个元素必须含有两个子元素；另一种是 name=value 形式的参数
2	clear()	用于清空字典中所有的 key-value 对，该字典就会变成一个空字典
3	get()	根据 key 来获取 value，如果访问不存在的 key，该函数会简单地返回 None，不会导致错误
4	update()	可使用字典所包含的 key-value 对来更新已有的字典。如果被更新的字典中已包含对应的 key-value 对，那么原 value 会被覆盖，否则该 key-value 对被添加进去
5	items()	用于获取字典中的所有 key-value 对，返回 dict_items 对象
6	keys()	用于获取字典中的所有 key，返回 dict_keys 对象
7	values()	用于获取字典中的所有 value，返回 dict_values 对象
8	pop()	用于获取指定 key 对应的 value，并删除这个 key-value 对
9	del	删除字典中指定键的元素

2.3.3 字典应用实践

下面通过案例让读者了解字典的使用方法，该案例展示创建 2023 年成都世界大学生运动会优秀运动员吴思宁个人简介相关字典，并访问和读取字典中的元素，具体代码如案例 2-3a 所示。

案例 2-3a：字典使用方法（完整代码见网盘 2-3 文件夹）

```
In [1]: wusiningdict={'姓名': '吴思宁','年龄': 26,'身高':173,'成绩':'运动会女子 100m 跨栏比赛荣获 1 银牌','兴趣爱好':['唱歌','跳舞','逛街','运动']}
In [2]: jiangpainame=['金牌','银牌','铜牌']
In [3]: jiangpaivalue=[0,1,0]
In [4]: wusiningnum= dict(zip(jiangpainame, jiangpaivalue))#获得奖牌数目字典
Out[4]: print(wusiningnum)
#字典访问和读取，以键作为下标可以读取字典元素，若键不存在，则抛出异常
Out[5]: print("通过下标访问: ", wusiningdict ["姓名"])
Out[6]: print("通过 get()函数访问: ", wusiningdict.get('年龄'))
#通过 get()访问，不存在则输出 NONE
Out[7]: print("通过 get()函数访问: ", wusiningdict.get('地址'))
Out[8]: print("字典所有的键: ", wusiningdict.keys())
Out[9]: print("字典所有的值: ", wusiningdict.values())
Out[10]: for key, value in wusiningdict.items():#序列解包用法
         print(key, value)
```

程序运行结果：

```
{'金牌': 0, '银牌': 1, '铜牌': 0}
通过下标访问：  吴思宁
通过 get()函数访问：   26
通过 get()函数访问：   None
字典所有的键：  dict_keys(['姓名', '年龄', '身高', '成绩', '兴趣爱好'])
字典所有的值：  dict_values(['吴思宁', 26, 173, '运动会女子 100m 跨栏比赛荣获 1 银牌', ['唱歌', '跳舞', '逛街', '运动']])
姓名 吴思宁
年龄 26
身高 173
成绩 运动会女子 100m 跨栏比赛荣获 1 银牌
兴趣爱好 ['唱歌', '跳舞', '逛街', '运动']
```

运行结果分析：

该案例定义了两个字典 wusiningdict 和 wusiningnum，分别存储个人信息和获得奖牌数目。然后通过下标访问字典元素，如果下标对应的键不存在，则会报错。读者可以自己尝试，比如 print("通过下标访问：",wusiningdict["家庭住址"])。另外一种访问方式是通过 get()函数，参数是键，返回对应的值。最后通过 for 循环依次输出 items()中对应的键和值。for 循环更多的介绍见第 3 章控制结构。

接着，继续补充吴思宁的更多信息，如出生地和国籍等信息，具体代码如案例 2-3b 所示。

案例 2-3b：字典使用方法（完整代码见网盘 2-3 文件夹）

```
In [1]: wusiningdict ['国籍'] = '中国'        #增加新元素
Out[1]: print(wusiningdict)
In [2]: wusiningdict.update({'出生地':'中国四川'})
Out[2]: print(wusiningdict)
In [3]: del wusiningnum#删除该字典
Out[3]: print(wusiningnum)
```

程序运行结果：

```
{'姓名': '吴思宁', '年龄': 26, '身高': 173, '成绩': '运动会女子 100m 跨栏比赛荣获 1 银牌', '兴趣爱好': ['唱歌', '跳舞', '逛街', '运动'], '国籍': '中国'}
{'姓名': '吴思宁', '年龄': 26, '身高': 173, '成绩': '运动会女子 100m 跨栏比赛荣获 1 银牌', '兴趣爱好': ['唱歌', '跳舞', '逛街', '运动'], '国籍': '中国', '出生地': '中国四川'}
Traceback (most recent call last):
  File "C:\Users\92427\Desktop\2-3 字典.py", line 29, in <module>
    print(wusiningnum)
NameError: name 'wusiningnum' is not defined
```

运行结果分析：

该案例在 2-3a 的基础上给字典增加元素，有两种方式。一种是为字典中指定键的下标赋值。若键存在，则可以修改该键的值；若键不存在，则表示添加一个键值对，如语句 wusiningdict['国籍'] = '中国'所示。另一种赋值方式是利用 update()函数，将另一个字典的键值对添加到当前字典对象，如语句 wusiningdict.update({'出生地':'中国四川'})所示。最后，由于 wusiningnum 字典没有用到，因此可以将其删除，删除这个字典利用 del 命令，再输出 wusiningnum 就出现了错误提示。

2.4 字符串

2.4.1 字符串概述

字符串是 Python 中最常用的数据类型。可以使用单引号或双引号（' 或 "，两者等价，没有区别，但要成对出现）来创建字符串或者 string()函数，内容可以是英文符号或者中文符号。创建字符串很简单，只要为变量分配一个值即可。例如，根据以上定义，新建以下字符串：

> name='吴思宁'
> pinyinname='wusining'

字符串内字符的访问方法与列表、元组等类似，均可以通过索引访问。如 name[0]的输出结果是"吴"，pinyinname[1:3]的输出结果是"us"。

2.4.2 字符串常用函数

字符串常用函数如表 2-4 所示。

表 2-4 字符串常用函数

编号	函数	功能
1	count(str,beg=0,end=len(string))	返回 str 在 string 里面出现的次数。如果 beg 或者 end 指定，则返回指定范围内 str 出现的次数
2	find(str,beg=0,end=len(string))	检测 str 是否包含在字符串中。如果指定范围 beg 和 end，则检查是否包含在指定范围内。如果包含，则返回开始的索引值，否则返回-1
3	index(str,beg=0,end=len(string))	跟 find()函数一样，只不过如果 str 不在字符串中，就会报一个异常
4	isalnum()	如果字符串至少有一个字符并且所有字符都是字母或数字，则返回 True，否则返回 False
5	isalpha()	如果字符串至少有一个字符并且所有字符都是字母或中文字符，则返回 True，否则返回 False
6	len(string)	返回字符串长度
7	split(str="",num=string.count(str))	以 str 为分隔符截取字符串，如果 num 有指定值，则仅截取 num+1 个子字符串
8	strip([chars])	删除字符串中的空格
9	join(seq)	以指定字符串作为分隔符，将 seq 中所有的元素合并为一个新的字符串
10	isdigit()	如果字符串只包含数字，则返回 True，否则返回 False
11	isnumeric()	如果字符串中只包含数字字符，则返回 True，否则返回 False

（续）

编号	函数	功能
12	ljust(width[, fillchar])	返回一个左对齐的并使用 fillchar 填充至长度 width 的新字符串，fillchar 默认为空格
13	replace(old,new[,max])	将字符串中的 old 替换成 new，如果 max 指定，则替换不超过 max 次
14	lower()	转换字符串中的所有大写字母为小写
15	upper()	转换字符串中的所有小写字母为大写
16	zfill(width)	返回长度为 width 的字符串，原字符串右对齐，前面填充 0
17	isdecimal()	检查字符串是否只包含十进制字符，如果是，则返回 True，否则返回 false

2.4.3 字符串应用实践

下面通过案例让读者了解字符串的使用方法，该案例是创建 2023 年成都世界大学生运动会优秀运动员吴思宁的评论字符串，并连接字符串和输出，具体代码如案例 2-4a 所示。

案例 2-4a：字符串使用方法（完整代码见网盘 2-4 文件夹）

In [1]: review1="喜欢吴思宁的很多，不喜欢她的也不少。你变得再好，也总有人不欢迎你。"
In [2]: review2="吴思宁最近的走红表明，随着美在社会中的多样化，这种运动美的观念越米越得到认可和接受。"
In [3]: review3="吴思宁有实力就算了，还这么好看。"
In [4]: review4="这是咱南方的小金豆妹子，加油啊，夺冠！"
In [5]: review=review1+review2+review3+review4#字符串链接
Out[5]: print(review)
In [6]: nPos = review1.find("吴思宁")
Out[6]: print("吴思宁出现的位置：",review)

程序运行结果：

喜欢吴思宁的很多，不喜欢她的也不少。你变得再好，也总有人不欢迎你。吴思宁最近的走红表明，随着美在社会中的多样化，这种运动美的观念越来越得到认可和接受。吴思宁有实力就算了，还这么好看。这是咱自南方的小金豆妹子，加油啊，夺冠！
吴思宁出现的位置： 2

运行结果分析：

该案例定义了 4 个字符串，分别存储了观众对吴思宁的评论，然后用"+"把 4 条评论组合成一个字符串，并输出结果。最后用 find()函数输出"吴思宁"在评论 1 中的位置索引号。

接着在案例 2-4a 的基础上，统计评论中每个字符出现的频率，用字典形式输出，具体代码如案例 2-4b 所示。

案例 2-4b：字符串使用方法（完整代码见网盘 2-4 文件夹）

In [1]: reviewlist=list(review.strip().lstrip('。'))
In [2]: d = dict() #使用字典保存每个字符出现的次数
In [3]: for ch in reviewlist:
            d[ch] = d.get(ch, 0) + 1

In [4]: print("字符串长度：",len(d))
Out[4]: d_order=sorted(d.items(),key=lambda x:x[1],reverse=True)
Out[5]: print(d_order)

程序运行结果：

字符串长度： 75
[('，', 7), ('的', 6), ('欢', 3), ('不', 3), ('这', 3), ('喜', 2), ('吴', 3), ('艳', 3), ('妮', 3), ('多', 2), ('也', 2), ('。', 2), ('你', 2), ('得', 2), ('好', 2), ('有', 2), ('美', 2), ('越', 2), ('很', 1), ('她', 1), ('少', 1), ('变', 1), ('再', 1), ('总', 1), ('人', 1), ('迎', 1), ('最', 1), ('近', 1), ('走', 1), ('红', 1), ('表', 1), ('明', 1), ('随', 1), ('着', 1), ('在', 1), ('社', 1), ('会', 1), ('中', 1), ('样', 1), ('化', 1), ('种', 1), ('运', 1), ('动', 1), ('观', 1), ('念', 1), ('来', 1), ('到', 1), ('认', 1), ('可', 1), ('和', 1), ('接', 1), ('受', 1), ('实', 1), ('力', 1), ('就', 1), ('算', 1), ('了', 1), ('还', 1), ('么', 1), ('看', 1), ('是', 1), ('咱', 1), ('自', 1), ('贡', 1), ('市', 1), ('富', 1), ('顺', 1), ('妹', 1), ('子', 1), ('加', 1), ('油', 1), ('啊', 1), ('夺', 1), ('冠', 1), ('！', 1)]

运行结果分析：

该案例把 review 字符串变成列表形式，这样每个汉字就能以列表元素形式组成一个列表，方便接下来的统计工作。接着用 for 循环获取每个字符的个数并保存到对应的键中，最后利用 sorted()函数对字典排序并输出。

字符串多应用于自然语言的输入/输出与存储，良好的沟通作为从事 IT 行业人员的职业素养，还有很多需要提升的部分。当前处于一个合作的时代，合作已成为人们生存的手段。因为科学知识向纵深方向发展，而社会分工也越来越细，人们不可能再成为百科全书式的人物，每个人都会精于某一方面的技能以适应这个社会的发展，所以也更需要借助他人的智慧来完成自己人生的超越。这个世界充满了竞争与挑战，也充满了合作与分享。

2.5 习题

1. Python 中的序列和 C 语言、Java 语言中的数组、结构体相比有什么优点？请自己总结。

2. 列表怎么创建？用不用事先定义，请举例说明。列表元素如何增加新的元素？方法有哪些？请举例说明。

3. 列表元素如何删除元素？方法有哪些？请举例说明。

4. 列表元素的排序如何实现？请举例说明。

5. 元组和列表的区别是什么？请详细阐述。字典和列表相比有什么特点？可以应用在哪些情况？

6. 请创建两个列表，一个是黑龙江省 5 所大学的名字（哈尔滨工业大学、哈尔滨工程大学、黑龙江大学、齐齐哈尔大学、佳木斯大学），另一个是大学学生数量的列表，然后把两个列表变成字典格式。接着获取哈尔滨工程大学的人数和齐齐哈尔大学的人数。之后增加两所学校和对应人数（哈尔滨理工大学和齐齐哈尔医学院），最后再把它拆成两个列表，并清空字典中的所有元素。

7. 首先生成包含 1000 个随机字符的字符串，然后统计每个字符的出现次数，并排序输出。

第 3 章 控 制 结 构

本章导读

结构化程序设计,从结构上将软件系统划分为若干功能模块,各模块尽可能简单,功能独立,模块内部通过顺序结构、选择结构、循环结构等控制结构组成,再连接各模块,构成相应的软件系统。该方法逻辑清晰,结构简单,所以易读、易懂、易实现,深受设计者青睐。

本章主要介绍结构化程序设计思想在 Python 中的运用和实现,最后以一个综合性案例加深对控制结构的理解和掌握。

学习目标

1. 理解结构化程序设计的基本思想
2. 理解顺序结构的原理
3. 掌握选择结构的使用方法
4. 掌握循环结构的使用方法
5. 理解和掌握党史知识问答游戏的设计思路和实现过程

3.1 结构化程序设计简介

本章介绍的结构化程序设计,采用自顶向下、逐步求精的设计方法。

结构化程序设计将算法(函数)和数据结构(数据和数据类型)分开设计,但随着软件复杂性的增加,为了提高工作效率,软件工程师越来越注重于系统整体关系的表述,于是把数据结构与算法看作一个独立功能模块,这便是面向对象程序设计的思想。

3.2 顺序结构

顺序结构是最基本的控制结构之一,程序中的顺序结构表示按照各语句或模块出现的先后

顺序执行，其流程如图 3-1 所示，A 模块和 B 模块按照箭头的先后顺序执行。事实上，不论程序中包含什么样的结构，程序的总流程都是顺序结构的。

下面通过案例让读者了解顺序结构的使用方法。该案例导入 random 库，从列表中随机抽取一项。相关代码如案例 3-1 所示。

案例 3-1：顺序结构（完整代码见网盘 3-1 文件夹）

```
In [1]: import random
In [2]: randpername = ['刘备', '关羽', '张飞']
In [3]: randtime = ['春晚', '大年三十', '晚 8 点']
In [4]: randplace = ['在北京', '在舞台上', '在央视']
In [5]: randdo = ["唱《山水霓裳》", "快乐跳舞", "开心表演"]
Out[5]: print(random.choice(randpername),end = "")
Out[6]: print(random.choice(randtime),end ="")
Out[7]: print(random.choice(randplace),end ="")
Out[8]: print(random.choice(randdo))
```

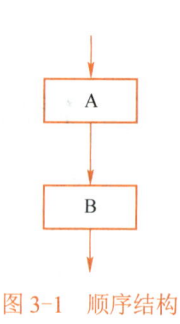

图 3-1 顺序结构

程序运行结果：

张飞大年三十在北京快乐跳舞

运行结果分析：

由案例 3-1 所示，首先导入了 random 库，该库主要用于生成各种随机数，使用比较频繁。然后定义了 4 个列表，分别赋值人名列表、时间列表、地名列表和动作列表，用于每个列表随机抽取一项来组成一句话。最后，通过 random.choice()函数实现从列表中随机抽取一项的功能，用 print()输出结果，参数 end=""可避免输出结果自动换行。

random 库还有一些其他常用函数，如表 3-1 所示。

表 3-1 random 库常用函数

编号	方法	功能
1	random()	返回随机生成的一个实数，它在[0,1)范围内
2	randint(a,b)	用于生成一个指定范围内的整数。其中，参数 a 是下限，b 是上限，生成的随机数 n 在 a 和 b 之间
3	choice(sequence)	从序列中获取一个随机元素，参数 sequence 表示一个有序类型，泛指一系列类型，如 list、tuple、字符串
4	shuffle(x,[random])	用于将一个列表中的元素打乱，即将列表中的元素随机排列
5	sample(sequence,k)	从指定序列中随机获取指定长度的片段，sample()函数不会修改原有的序列
6	randrange(a, b, c)	随机选取 a~b 之间的步长为 c 的数

3.3 选择结构

选择结构表示当程序的处理步骤出现了分支，无法按顺序走下去时，它需要根据某一特定的条件选择其中的一个分支执行。选择结构有

扫码看视频

单分支选择、双分支选择和多分支选择 3 种形式。

3.3.1 单分支选择结构

当选择结构中只有一个可供选择的分支语句时，也就是说，当条件不满足时，什么也不执行，该选择结构称为单分支选择结构。单分支选择结构如图 3-2 所示。

单分支选择结构的语法格式如下：

```
if 表达式：
    语句块
```

下面通过案例让读者了解单分支选择结构的使用方法。该案例实现输入两个数字，然后按照大小顺序排列。相关代码如案例 3-2 所示。

案例 3-2：单分支选择结构（完整代码见网盘 3-2 文件夹）

```
In [1]: x = input('请输入两个数字，用空格间隔:')
In [2]: a, b = map(int, x.split())
In [3]: if a > b:
In [4]:     a, b = b, a    #序列解包，交换两个变量的值
Out[5]: print(a, b)
```

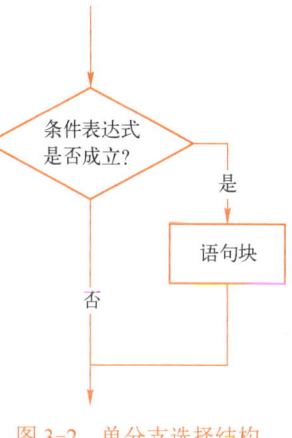

图 3-2 单分支选择结构

程序运行结果：

```
请输入两个数字，用空格间隔:6 1
1 6
```

运行结果分析：

由案例 3-2 所示，使用 input()函数输入两个值并保存到 x 中，然后使用 x.split()将两个值按照空格间隔分开，再用 map()映射函数将两个值变成 int 数据类型，分别保存到 a 和 b 中，即 a 赋值为 6，b 赋值为 1。接着通过 if 语句判断 a 和 b 的大小，如果 a 大于 b，则交换两个变量的值，保持 a 是较小的数字，b 是较大的数字。最后使用 print()输出 a 和 b 的值。

3.3.2 双分支选择结构

当选择结构中有两个可供选择的分支语句，条件满足时执行语句块 1，条件不满足时执行语句块 2，该选择结构称为双分支选择结构。双分支选择结构如图 3-3 所示。

双分支选择结构的语法格式如下：

```
if 表达式：
    语句块 1
else：
    语句块 2
```

下面通过案例让读者了解双分支选择结构的使用方法。该案例实现输入 2023 年大学生运动会的举办城市的名字，然后根据城市是否等于"成都"决定输出哪个分支。回答正确，

31

则输出语句"回答正确，送你吉祥物蓉宝一枚"，否则输出语句"回答错误，2023 年大学生运动会在成都举行，成都欢迎你"。相关代码如案例 3-3 所示。

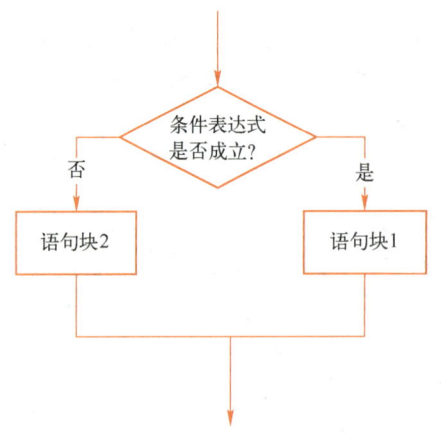

图 3-3　双分支选择结构

案例 3-3：双分支选择结构（完整代码见网盘 3-3 文件夹）

In [1]: city=input("请输入 2023 年大学生运动会在哪个城市举行？")
In [2]: if city=="成都":
Out[2]:　　print("回答正确，送你吉祥物蓉宝一枚")
In [3]: else:
Out[3]:　　print("回答错误，2023 年大学生运动会在成都举行，成都欢迎你")

程序运行结果：

请输入 2023 年大学生运动会在哪个城市举行？成都
回答正确，送你吉祥物蓉宝一枚

运行结果分析：

由案例 3-3 所示，使用 input()函数输入一个字符串并保存到 city 中，然后使用 if 语句判断条件表达式 city=="成都"的值。如果是 True，则选择 out[2]语句；如果是 False，则选择 out[3]语句。

Python 还支持如下形式的表达式：value1 if condition else value2。

当条件表达式 condition 的值与 True 等价时，表达式的值为 value1，否则表达式的值为 value2。另外，在 value1 和 value2 中还可以使用复杂表达式，包括函数调用和基本输出语句。例如，变量 a=6，则语句 b = 6 if a>13 else 9 的执行结果是 b=9。

3.3.3　多分支选择结构

当选择结构中有多个可供选择的分支语句时，满足哪个条件则执行哪条语句，该选择结构称为多分支选择结构。

应用提醒：多分支选择结构的几个分支之间有逻辑关系，不能随意颠倒顺序。

多分支选择结构如图 3-4 所示。
多分支选择结构的语法格式如下：

```
if 表达式:
    语句块 1
elif:
    语句块 2
…
else:
    语句块 n
```

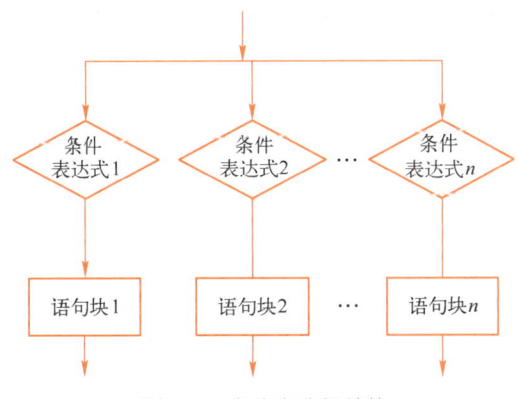

图 3-4　多分支选择结构

下面通过案例让读者了解多分支选择结构的使用方法。该案例实现通过输入数字来选择对中国新年的准确翻译，然后输出正确与否的回答。如果回答正确，则输出"回答正确！春节源于中国，属于中国传统文化，后来传播到全世界"，回答错误则输出"翻译正确，但某些国家抢夺春节文化，我们需要维护自己的传统文化，所以该翻译不准确"，输错数字则输出"只可以输入 1～3 的整数！"。相关代码如案例 3-4 所示。

案例 3-4：多分支选择结构（完整代码见网盘 3-4 文件夹）

```
In [1]: t=int(input("请选择中国新年的最准确的翻译：1Chinese New Year 2Lunar New Year 3the Spring Festival\n"))
In [2]: if t ==1:
Out[2]:     print("回答正确！春节源于中国，属于中国传统文化，后来传播到全世界")
In [3]: elif t ==2 or t ==3:
Out[3]:     print("翻译正确，但某些国家抢夺春节文化，我们需要维护自己的传统文化，所以该翻译不准确")
In [4]: else:
Out[4]:     print("只可以输入 1～3 的整数！")
```

程序运行结果：

> 请选择中国新年的最准确的翻译：1Chinese New Year 2Lunar New Year 3the Spring Festival
> 2
> 翻译正确，但某些国家抢夺春节文化，我们需要维护自己的传统文化，所以该翻译不准确

运行结果分析：

由案例 3-4 所示，使用 input() 函数输入一个数字，再用 int() 函数转换为数字赋值给 t，因为 input() 函数的默认返回值是字符串类型，所以需要用 int() 函数转换为整数格式。接着判断 t 的取值，分别为 1、2、3 或者不是 1～3 的情况，分别输出对应的话。

《礼记·中庸》中说："凡事预则立，不预则废。言前定则不跲，事前定则不困，行前定则不疚，道前定则不穷。"意思是：做任何事情，事前有准备就可以成功，没有准备就会失败。说话先有准备，就不会词穷理屈、站不住脚；行事前先做规划，就不会发生错误或后悔的事。对于生活中遇到的所有困难，如果做好了充分的准备，那么当面对的时候就会从容不迫；如果没有准备，那么就会出现你人生的缺憾，自己的人生为什么不自己掌控并做好规划呢？

3.4 循环结构

不断地重复，被称作循环，循环结构通常表示反复执行一个程序或某些操作的过程，直到某条件为假（或为真）时才可终止循环。在使用循环结构解决问题时主要考虑的是：出现哪些操作需要循环执行？什么时候可以执行循环和结束循环？Python 提供了两种基本的循环结构——for 循环结构和 while 循环结构。

扫码看视频

3.4.1 for 循环语句

for 循环一般用于循环次数可以提前确定的情况，尤其是用于枚举序列或迭代对象中的元素。

> **应用提醒**：学习 for 循环结构之前，先得了解与 for 循环经常配合使用的 range() 函数。

range() 函数用于生成一个整数序列（的迭代器）。其语法格式为 range(start[,end[,step]])。

当 range() 中只有 start 时，意思是生成一个步长为 1 的从 0 到 start 的整数序列，如 range(4)，即相当于[0, 1, 2, 3]。当 range() 既有 start，也有 end 时，意思是生成一个步长为 1 的从 start 到 end 的整数序列，如 range(3, 8)，即相当于[3, 4, 5, 6, 7]。当 range() 函数中的参数 start、end 和 step 都存在时，表示生成一个步长为 step 的从 start 到 end 的整数序列，如 range(3, 8, 2)，即相当于[3, 5, 7]。

for 循环语法格式是：

> for 取值 in 序列或迭代对象：
>   循环体

下面通过案例让读者了解 for 循环结构的使用方法。该案例循环输出 4 条绘制直线的语句，绘制完一条直线则改变其箭头方向（90°），最后输出一个正方形。相关代码如案例 3-5 所示。

案例 3-5：for 循环结构（完整代码见网盘 3-5 文件夹）

```
In [1]: import turtle
In [2]: for i in range(4):
            turtle.forward(200)
            turtle.left(90)
```

程序运行结果如图 3-5 所示。

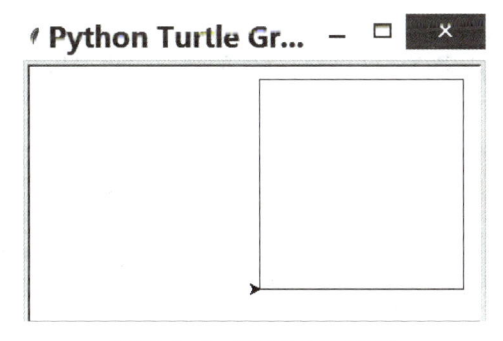

图 3-5 for 循环输出正方形

运行结果分析：

由案例 3-5 所示，导入 turtle 库用于绘图，该库将在第 5 章中予以介绍。然后使用 for 循环，范围是 range(4)，即循环变量 i 从 0 循环到 3。每次循环都执行循环体，通过 forward(200)在屏幕上顺着箭头方向前进 200 单位，然后箭头左转 90°，循环 4 次。最后在屏幕上绘制出一个边长为 200 的正方形。

再看一个案例，假设买了一个国产新手机（比如小米、华为等品牌），花了 n 元，请用循环结构输出用了几张 50 元纸币、几张 20 元纸币、几张 10 元纸币、几张 5 元纸币、几张 1 元纸币、相关代码如案例 3-6 所示。

案例 3-6：for 循环结构（完整代码见网盘 3-6 文件夹）

```
In [1]: money=[50,20,10,5,1]
In [2]: n=int(input("请输入你买手机花了多少钱？"))
In [3]: for i in money:
            temp=n//i
            print(i,"元纸币用了",temp,"张")
            n=n%i
```

程序运行结果：

```
请输入你买手机花了多少钱？1377
50 元纸币用了 27 张
20 元纸币用了 1 张
10 元纸币用了 0 张
5 元纸币用了 1 张
1 元纸币用了 2 张
```

运行结果分析：

由案例 3-6 所示，首先新建一个列表 money 来存放用到的纸币面额，然后使用 input()函数输入花了多少钱，接着用一个 for 循环把列表中的每种纸币面额计算一遍，循环体是将 n 整除 i 取得的值赋给 temp，即 i 面值的纸币最多用 temp 张，再多就超过 n 了。最后 n 取余 i，即把整除 i 之后的余数赋值给 n，以便进行下一轮循环计算。

3.4.2 while 循环语句

while 循环一般用于循环次数难以提前确定的情况，也可以用于循环次数确定的情况。while 循环语法格式是：

```
while 条件表达式：
    循环体
```

下面通过案例让读者了解 while 循环结构的使用方法。该案例循环生成一个含有 20 个随机数的列表，要求所有元素不相同，并且每个元素的值都介于 1~100 之间。相关代码如案例 3-7 所示。

案例 3-7：while 循环结构（完整代码见网盘 3-7 文件夹）

```
In [1]: from random import randint
In [2]: x = set()
In [3]: while len(x)<20:
In [4]:     x.add(randint(1,100))
Out[4]: print(x)
Out[5]: print(sorted(x))
```

程序运行结果：

```
{64, 33, 1, 2, 90, 6, 69, 40, 91, 43, 76, 14, 80, 48, 81, 89, 26, 59, 25, 63}
[1, 2, 6, 14, 25, 26, 33, 40, 43, 48, 59, 63, 64, 69, 76, 80, 81, 89, 90, 91]
```

运行结果分析：

由案例 3-7 所示，导入 random 库用于生成随机数，然后生成一个集合 x。这里采用集合数据结构，是因为集合的特性符合题目要求。案例要求列表各元素均不同，而集合各元素均可不同，如果用列表数据结构，则还要判断新出现的元素是否重复。接着使用 while 循环，条件表达式是 x 的长度是否达到 20，不够 20 的话增加一个 1~100 之间的随机数，用

randint()实现随机生成某元素。最后在屏幕上输出结果。

再看一个案例，假设老师委托你计算每个学生期末考试的平均成绩，但每个学生的选课科目不同，一开始不能确定到底输入几门课的成绩。输入过程中，每次循环都判断是否继续输入。如果输入结束，则退出程序。相关代码如案例 3-8 所示。

案例 3-8：while 循环结构（完整代码见网盘 3-8 文件夹）

```
In [1]: sum=0
In [2]: n=0
In [3]: while True:
            x=int(input("请输入成绩："))
            sum=sum+x
            n=n+1
            y=input("是否继续，是输入 yes，否输入 no: ")
            if y=="yes":
                continue
            elif y=="no":
                break
            else:
                print("输入不合法，退出程序")
                break
Out[3]: print("某学生的期末考试平均成绩是：",sum/n)
```

程序运行结果：

```
请输入某学生的某门课成绩：98
是否继续输入，是输入 yes，否输入 no：yes
请输入某学生的某门课成绩：60
是否继续输入，是输入 yes，否输入 no：yes
请输入某学生的某门课成绩：87
是否继续输入，是输入 yes，否输入 no：no
某学生的期末考试平均成绩是：81.66666666666667
```

运行结果分析：

由案例 3-8 所示，首先新建两个变量，sum 表示总成绩，n 表示选课门数，然后执行 while 循环，条件表达式是 True，则一直循环。在循环体中，每次输入数值都用 sum 求和，每次循环后 n 加 1。y 变量判定是否结束输入，当 y=="yes"时，执行 continue 语句，即跳出本次循环，剩下的循环体语句不再执行，回到循环条件，继续下一步循环。当 y=="no"时，执行 break 语句，即跳出 while 循环，执行循环外面的语句 print("某学生的期末考试平均成绩是："，sum/n)。

3.4.3 循环嵌套

在一个循环体结构中又包含另一个循环结构，称为循环嵌套。相同的或不同的循环结构之间都可以互相嵌套，实现更为复杂的逻辑。

下面通过案例让读者了解循环嵌套的使用方法。该案例是展示经典的九九乘法表，该表起源于中国春秋战国时期，是我国儿童启蒙必备的数字运算基本工具。具体代码如案例 3-9 所示。

案例 3-9：循环嵌套结构（完整代码见网盘 3-9 文件夹）

```
In [1]: for i in range(1,10):
            for j  in range(1,i+1):
                print('{0}*{1}={2}'.format(i,j,i*j).ljust(6), end=' ')
            print()
```

程序运行结果：

```
1*1=1
2*1=2  2*2=4
3*1=3  3*2=6  3*3=9
4*1=4  4*2=8  4*3=12 4*4=16
5*1=5  5*2=10 5*3=15 5*4=20 5*5=25
6*1=6  6*2=12 6*3=18 6*4=24 6*5=30 6*6=36
7*1=7  7*2=14 7*3=21 7*4=28 7*5=35 7*6=42 7*7=49
8*1=8  8*2=16 8*3=24 8*4=32 8*5=40 8*6=48 8*7=56 8*8=64
9*1=9  9*2=18 9*3=27 9*4=36 9*5=45 9*6=54 9*7=63 9*8=72 9*9=81
```

运行结果分析：

该案例运用了两重循环嵌套，外循环 for 从 1 循环到 9，内循环 for 从 1 循环到本次外循环的取值，这就保证了外循环控制行数，内循环控制列数，并与行数保持一致。接着嵌套循环体内的 print()函数格式化输出 "i*j=" 结果，外循环的 print()表示内循环结束就换行输出。

再看一个案例，我国古代数学家张丘建在《算经》一书中曾提出过著名的"百钱买百鸡"的问题。该问题叙述如下：鸡翁一，值钱五；鸡母一，值钱三；鸡雏三，值钱一；百钱买百鸡，则翁、母、雏各几何？用 Python 实现该案例的相关代码如案例 3-10 所示。

案例 3-10：循环嵌套结构（完整代码见网盘 3-10 文件夹）

```
In [1]: #假设能买 x 只公鸡，x 最大为 20
In [2]: for x in range(21):
            #假设能买 y 只母鸡，y 最大为 33
            for y in range(34):
                #假设能买 z 只小鸡
                z = 100-x-y
                if (z%3==0 and 5*x + 3*y + z//3 == 100):
                    print("公鸡：",x,"母鸡：",y,"小鸡：",z)
```

程序运行结果：

公鸡：	0	母鸡：	25	小鸡：	75
公鸡：	4	母鸡：	18	小鸡：	78
公鸡：	8	母鸡：	11	小鸡：	81
公鸡：	12	母鸡：	4	小鸡：	84

运行结果分析：

由案例 3-10 所示，假设 x 是公鸡数目，大小不能超过 20；y 是母鸡数目，大小不能超过 33，所以外循环到 range(21)，内循环到 range(34)。公鸡和母鸡数目确定后，小鸡 z 的数目就是 100-x-y。接着用 if 判断鸡数目乘以单价的和是否等于 100，输出正确结果。

另外举一个例子，平时上网使用的密码完全可以通过循环遍历暴力破解。

如果用一台双核心 PC 破解密码：

最简单的数字密码——6 位（如银行密码）瞬间搞定，8 位最短破解时间为 348min，10 位最短破解时间为 163 天。

普通大小写字母——6 位最短破解时间为 33min，8 位最短破解时间为 62 天。

数字+大小写字母——6 位最短破解时间为 1.5h，8 位最短破解时间为 253 天。

数字+大小写字母+标点——6 位最短破解时间为 22h，8 位最短破解时间为 23 年。

"道路千万条，安全第一条"，要紧抓网络安全这根绳，增强防范意识，关注密码强度。

3.5 案例——党史知识问答游戏

本案例利用结构化程序设计思想开发一款党史知识问答游戏。该游戏主要导入 easygui 库来制作界面，党史知识以选择题形式出现，用户单击选项，系统弹出正确与否信息框，所有问题答完会给出最终成绩。

easygui 库常用函数如表 3-2 所示。

扫码看视频

表 3-2 easygui 库常用函数

编号	函数	功能
1	msgbox(msg='', title='', ok_button='OK')	显示一个消息并提供一个"OK"按钮，用户可以指定任意的消息和标题
2	buttonbox(msg='',title=' ',choices=('Button1', 'Button2', 'Button3'))	可以使用 buttonbox()定义自己的一组按钮。当用户单击任意一个按钮的时候，返回按钮的文本内容。如果用户取消或者关闭窗口，那么会返回默认选项（第一个选项）
3	integerbox(msg='',title='',default='',lowerbound= 0, upperbound=99)	为用户提供一个简单的输入框，用户只能输入范围内（lowerbound 参数设置最小值，upperbound 参数设置最大值）的整型数值，否则会要求用户重新输入
4	enterbox(msg='',title='',default='',strip=True)	为用户提供一个最简单的输入框，返回值为用户输入的字符串。默认返回的值会自动去除首尾的空格，如果需要保留首尾空格，应设置参数 strip=False
5	choicebox(msg='',title='',choices=())	为用户提供了一个可选择的列表，使用序列（元组或列表）作为选项，这些选项显示前会按照不区分大小写的方法排好序
6	passwordbox(msg='', title=' ',default='')	为用户提供一个最简单的输入框，返回值为用户输入的字符串，但用户输入的内容会用"*"显示出来

党史知识问答游戏实现过程如案例 3-11 所示。

案例 3-11：党史知识问答游戏（完整代码见网盘 3-11 文件夹）

```
In [1]: from easygui import *          #将easygui库的函数全部导入
In [2]: import random                  #使用随机函数
In [3]: msgbox('这是一个考党史知识的小游戏','wudi 出品必属精品','好好学习了')
In [4]: msgbox('请准备好自己的党史知识 考试开始！',' ','历史知识 5 问','(收到！')
In [5]: lz2=[' 中国共产党第一次全国代表大会时间是？        \n\t \n\t A.1921.7.23    B.1923.07.21   C.1920.7.25',
        ' 正确处理和有效地解决党内矛盾,克服缺点,纠正错误的科学方法是？      \n\t \n\t A.批评与自我批评    B.理论联系实际    C.密切联系群众',
        ' 社会主义道德建设以什么为核心？      \n\t \n\t A.为人民服务    B.爱劳动    C.团结友爱',
        ' 中国第一个传播马克思主义的人是谁？      \n\t \n\t A. 陈独秀    B.李大钊    C.孙中山',
        ' 北伐战争时期,农民运动的中心在？      \n\t \n\t A.山东    B.河南    C.湖南']
In [6]: rightanswer=['A','A','A','B','C']#正确答案列表
In [7]: fs=0      #分数
In [8]: th=0      #题号
In [9]: while len(lz2)>0:
        th=th+1      #题号依次相加
        tm=random.choice(lz2)      #随机选择lz2中的题目出题
        tempnum=lz2.index(tm)#求出被选择题目的索引号
        ra=rightanswer[tempnum]#找到该被选择题目的对应答案
        lz2.remove(tm)      #使出现过的题目不再出现
        del rightanswer[tempnum]      #出现过的题目答案不再出现
        #设置在用户面前出题的界面
        yh=buttonbox('第%s 题.\n\t%s\n\t \n\t  请选择你认为正确的选项'%(th,tm),'党史知识 5 问',('A','B','C'))
        if yh==ra:
            msgbox('正确答案是%s,你选择的是%s\n\t \n\t        答对啦\n\t \n\t 继续做下一题吧'%(yh,yh),'党史知识 5 问','好的')
            fs=fs+20      #分数加 20
        else:
            msgbox('正确答案是%s,你选择的是%s\n\t \n\t        答错了'%(ra,yh),'党史知识 5 问','好吧')
        #输出当前得分
        msgbox('你现在的分数为%s'%(fs),'党史知识 5 问',('OK'))
        #游戏结束,输出最终得分
In [10]: msgbox('你的最终分数为%s'%(fs),'党史知识 5 问',('OK'))
```

随机选择题目后，部分程序运行结果如图 3-6～图 3-8 所示。

40

图 3-6 党史知识问答（1）

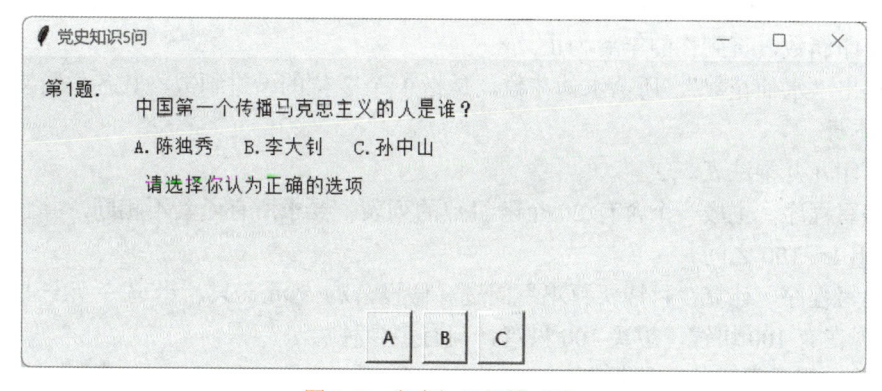

图 3-7 党史知识问答（2）

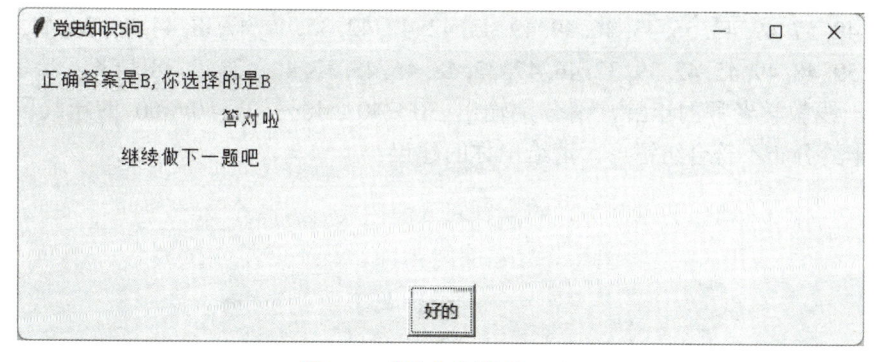

图 3-8 党史知识问答（3）

运行结果分析：

由案例 3-11 所示，首先导入 easygui 库用于设计界面，导入 random 库用于随机抽取题目。然后使用 msgbox()函数弹出开始界面和准备界面，单击"收到"按钮，进入答题界面。题目和答案分别放在列表 lz2 和 rightanswer 中。接着执行 while 循环，条件是 lz2 的长度大于 0。在循环体中，每次循环都用 random.choice(lz2)随机抽取题目，使用 lz2.index(tm)找到被抽取题目的索引号，以便找到 rightanswer 列表中对应题目的答案。接着判断答案是否正确，用 msgbox()函数输出回答结果。循环结束后，用 msgbox()输出最终分数 fs。

3.6 习题

1. 单分支结构，输入两个数字，按照大小顺序输出。
2. 双分支结构，输入你的名字，如果你是男生，则输出"you are a handsome boy"，否则输出"you are a pretty girl"。
3. 多分支结构，输入你的 Java 课程成绩。如果是 90 分以上，输出"优秀"；如果 80~90 分，输出"良好"；如果 70~80 分，输出"中等，得努力"；如果 60~70 分，输出"刚及格啊，少年"，否则输出"啥也不说了，老师也帮不了你了，只能下学期再修"。
4. 输入若干个分数，求所有分数的平均分。每输入一个分数后都询问是否继续输入下一个分数，回答"yes"就继续输入下一个分数，回答"no"就停止输入分数。
5. 打印偶数，直到你的年龄为止。
6. 输出"水仙花数"。所谓水仙花数，是指 1 个 3 位的十进制数，其各位数字的立方和等于该数本身。
7. 打印九九乘法表。
8. 编写程序，生成一个含有 20 个随机数的列表。要求所有元素不相同，并且每个元素的值都介于 1~100 之间。
9. 编写程序，计算"百钱买百鸡"问题。假设公鸡 5 元一只，母鸡 3 元一只，小鸡 1 元 3 只，现在有 100 块钱，想买 100 只鸡，问有多少种买法？
10. 输出星号组成的各种菱形。
11. 列表 teacherlist=[40, 42, 41, 58, 43, 48, 41, 30, 39, 32, 40, 43, 41, 39, 55, 40, 62, 62, 57, 48, 46, 59, 49, 57, 49, 43, 56, 43, 46, 49, 49, 43, 42, 42, 42, 35, 40, 47,38, 44, 49, 54, 41, 37, 39, 55, 39, 47, 37, 59, 48, 49, 45, 42, 39, 32, 46, 47, 32, 48, 46, 45, 37, 40, 43, 49, 38]是齐齐哈尔大学计控学院所有一线教学老师的年龄，请分别输出 30~40、40~50、50~60 的年龄段各有多少人。如果年龄分布不符合纺锤形，请给出你的建议。

第4章 函数和模块

本章导读

随着程序开发的不断深入，程序开发的复杂度和难度也随之提高。为了提高程序代码的可读性，方便后期开发人员对代码的管理与维护，人们提出了函数的概念。函数是一段组织好的、可重复使用的程序段，可以用来实现单一或相关联的功能，因此函数的使用提高了应用的模块性和代码的重复利用率。

前几章就已经使用过 Python 中内置的函数，如 print()、input()、len()、sum()等。除此之外，如果内置函数的功能无法满足用户需求，还可以在 Python 模块的程序中创建自定义函数。本章将对函数的相关知识进行讲解。

学习目标

1. 了解函数的概念及使用优势
2. 掌握函数的定义和调用方法
3. 理解函数参数的几种传递方式和函数的返回值
4. 理解变量作用域，掌握局部变量和全局变量的用法
5. 掌握递归函数和匿名函数的使用方法
6. 了解模块和库的定义
7. 掌握模块的定义和导入方法
8. 理解标准库，掌握常用标准库的使用
9. 了解第三方库的使用

4.1 函数的定义和调用

在 Python 中，将若干条语句组合在一起，用于实现某种特定功能的代码段称为函数。函数在程序中用于分离不同的任务功能，是模块化程序设计的基本组成单位。通过使用函数把程序分割为不同的模块，采用不同的合作方式，分给团队多人以协作开发程序。分成不同

模块的程序在编写复杂度降低的同时提高了代码的质量,并且经过一次函数定义可以多次调用,实现了代码的可重用性。一般情况下,程序通过调用代码来调用函数,调用代码和函数是不同的个体,但函数允许调用代码又是函数本身,即函数自己调用自己,此过程称为递归调用,可以实现许多复杂的算法。

在 Python 语言中,函数分为内置函数、标准库函数、第三方库函数和用户自定义函数 4 类。使用大量的函数提高了编程的效率,降低了开发成本,通过 import 语句可以导入标准库和第三方库,然后使用其中定义的函数完成特定系统功能的进一步开发。

> **应用提醒**:函数的使用分为定义和调用两个部分,所有的函数必须先定义再调用,否则程序将无法正常运行。

函数的创建:
在 Python 语言中,函数也是对象,使用 def 语句创建。其语法格式如下:

```
def 函数名([形参列表]):
    ["""文档字符串"""]
    函数体
    [return 语句]
```

以上语法格式的相关说明如下。

1) def 关键字:函数的开始标志。

2) 函数名:函数的唯一标识,遵循标识符的命名规则(全小写字母,可使用下画线增加可读性,如 print_star)。

3) 形参列表:标明接收传入函数中的数据,可以包含一个或多个参数,用逗号分隔,也可以为空,形式参数只能在定义函数(也称为声明函数)中使用,简称形参,注意要与函数调用中的实参相区别。

4) 冒号:函数体从冒号后开始执行具体功能。

5) 文档字符串:作为函数功能说明的字符串,用一对三引号括起来作为注释,可以省略。

6) 函数体:实现函数功能的具体代码,可以是复合语句,需要按照缩进规则书写。

7) return 语句:是函数的结束标志,可以省略。当有 return 语句时,可以将函数的处理结果返回给调用方;若省略 return 语句,则表明函数无返回,即返回值为空(None)。无返回值的函数只完成一个过程运算。

案例 4-1:函数的创建:返回两个数的和

In [1]: def my_sum(a,b):	#创建函数
In [2]: return(a+b)	#计算给定两个形参 a 和 b 的和,并返回

案例 4-2:函数的创建:无返回值函数

In [1]: def add():	#创建函数

In [2]:	sum=1+2	
In [3]:	print(sum)	#输出计算 1+2 的结果

案例 4-2 中定义的 add()函数是一个无参的函数，函数功能单一，只能计算 1 与 2 的和，具有很大的局限性。为了提高函数的灵活性，可以为函数设定两个参数，采用案例 4-1 的函数完成任意两个数的求和计算，并把计算结果返回给调用该函数的程序，进行下一步计算。

无返回值的函数是否全无用处呢？当然不是，无返回值的函数可用于单元测试或打印输出等，用处还有很多，在使用过程中可以多多体会。

案例 4-3：函数的创建：无返回值函数应用

In [1]:	def print_error():	#创建函数
In [2]:	print("此处有错误-101，请修改！")	#输出错误代码

案例 4-3 的函数可起到测试代码时，捕捉代码错误时的提示作用。

函数的调用：

函数在定义完成后不会立刻执行，只有被程序调用时才会执行。在进行函数调用时，根据需要可以指定实际传入的参数值调用函数，其语法格式如下：

函数名([实参列表])

以上语法格式的相关说明如下。

1）函数名：必须是之前已经定义过的函数。如果未定义过，则会在调用函数时有出错提示。

2）实参列表：实参列表必须与函数定义的形参列表一一对应，详细内容参见 4.2.1 小节的内容。

3）函数本身是表达式。如果函数有返回值，则可以将函数写在表达式中直接计算；如果没有返回值，则函数本身也是一个表达式。

4）函数调用的步骤：调用函数之前要先使用 import 语句导入函数所在的模块，导入的同时会自动执行 def 语句来创建函数，之后才能调用函数。

案例 4-4：函数的调用，调用案例 4-1 中定义的 my_sum()函数

In [1]: my_sum(46812,35127):   #调用函数，并给出对应的实参

实际上，程序在执行"my_sum(46812,35127)"时需要完成以下内容：

1）程序在调用函数的位置暂停执行。

2）将数据 46812 和 35127 传递给函数参数。

3）执行函数体中的语句。

4）程序回到暂停处继续执行。

下面用一张图来描述程序执行"my_sum(46812,35127)"的整个过程，如图 4-1 所示。

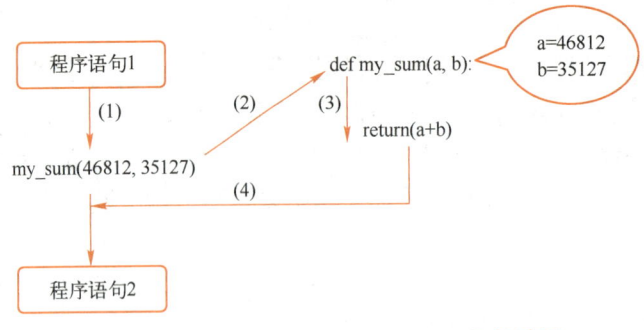

图 4-1　执行"my_sum(46812,35127)"的过程

案例 4-5：函数的调用

新建一个 Python 类型文件，在文件中先定义一个打印 n 个星号的无返回值的函数 print_star(n)，然后从命令行的第一个参数中获取所需打印的三角形的行数 lines，并循环调用 print_star()函数，输出由星号构成的直角三角形，每行打印 1、2、3、4、5、…个星号，将文件命名为 ltriangle.py。

```python
import sys                          #导入 sys 库，为调用 argv 函数准备
def print_star(n):
    print(("*"*n).ljust(20) )       #打印 n 个星号，两边填充空格，总宽度为 20
lines=int(sys.argv[1])              #使用 argv 函数在命令窗口中输入参数
for i in range(1,lines):            #进行 lines 次循环
    print_star(i)                   #每次循环都调用函数 print_star(n),实参为 i
```

程序运行结果如图 4-2 所示。

图 4-2　输出星号构成的直角三角形

知识拓展

内嵌函数

1）定义：在一个函数的函数体内使用关键字 def 定义一个新的函数，这个新的函数就称为内部/内嵌函数。

2）注意点：内部函数的整个函数体都在外部函数的作用域内，如果在内部函数内没有对外部函数变量的引用（即访问），那么除了在外部函数体内，在其他任何地方都不能对内部函数进行调用。

3）内部函数可以访问外部函数的变量，但是不能对外部函数中的变量进行使用，即不能试图改变外部函数中的变量，但可以使用 nonlocal 关键字修饰内部函数的变量，修饰后的内部函数就可以访问并使用外部函数的变量。

案例 4-6：函数的嵌套

```
def  f1():
    def f2():
        print(" from f2")
        def f3():
            print("from f3")
        f3()              #若此行去掉，执行效果如何？
    f2()
f1()
```

执行结果是：

```
from f2
from f3
```

若在案例 4-6 中把 f3()行的内容去掉，则执行结果中将没有"from f3"语句出现。

4.2 函数的参数

4.2.1 形参和实参

定义（声明）函数时，设置函数的参数/参数列表称为形式参数（简称为形参）。
调用函数时，传入函数的参数/参数列表称为实际参数（简称实参）。
函数体中的代码完全可以引用实参或者形参。

案例 4-7：实参和形参的应用

```
def   get_min(x, y):                    #函数定义
    if   x>y:   print(y,"是最小的值！")
    elif   x==y: print(x,"两个数相等！")
    else:   print(x,"是最小的值！")
get_min(12,34)                          #函数调用
```

执行结果是：

```
12 是最小的值
```

若函数定义不变，则调用函数的代码如下：

```
a=56 ; b=67
get_min(a,b)
```

执行结果是：

```
56 是最小的值
```

参数包括默认参数、关键字参数、位置参数、可变长度参数。

4.2.2 默认参数

函数在定义时可以给形参设置默认值。在被调用时，若没有给带有默认值的形参传值，则直接使用该形参的默认值；若有给形参传值，则按照传递的形参数据进行运算。

案例 4-8：默认参数的应用

```
def  get_min(x, y=0):                          #函数定义
    if  x>y:   print(y,"是最小的值！")
    elif  x==y: print(x, "两个数相等！")
    else:   print(x, "是最小的值！")
get_min(99)                                    #函数调用
```

执行结果是：

```
0 是最小值
```

案例 4-8 中，当调用函数时，虽然在实参列表中只给定了一个参数 99，但此时没有出现案例 4-7 中的提示错误（详见 4.2.4 节中说明）。出现这种现象的原因就在于，在此案例中定义函数时，给第二个参数设置了默认值，调用的实参列表中，默认值的位置没有给定具体的操作数据，那么就按照默认值进行计算。

注意：当形参个数不止一个时，必须先声明没有默认值的形参，然后声明有默认值的形参，这是因为在函数调用时默认是按位置传递实际参数值的。

案例 4-9：默认参数的位置

```
def  get_min(x=0, y):                          #函数定义
    if  x>y:   print(y,"是最小的值！")
    elif  x==y: print(x, "两个数相等！")
    else:   print(x, "是最小的值！")
get_min(99)                                    #函数调用
```

执行结果是：

```
SyntaxError: non- default argument follows default argument
```

出现这样的执行结果是因为，案例 4-9 中，函数定义时先定义的是有默认值的参数，默认值的形参位置错误导致编译时出现语法错误（SyntaxError）。

如果设定了默认值的形参位置传递了实参数据，那么计算时是应该按照默认值计算还是按照实参数据进行计算呢？来看下面的实例。

案例 4-10：默认参数位置有实参传递

```
def  get_min(x, y=0):                          #函数定义
    if  x>y:   print(y,"是最小的值！")
    elif  x==y: print(x, "两个数相等！")
    else:   print(x, "是最小的值！")
get_min(12,34)                                 #函数调用
```

执行结果是：

12 是最小的值

案例 4-11：默认参数综合实例

新建 Python 文件，编写函数，基于期中成绩和期末成绩，按照指定的权重计算总评成绩，将文件命名为 sum_score.py。

```
def sum_score(mid_score, end_score, rate=0.3):      #函数定义
    #期中成绩（mid_score）、期末成绩（end_score）、期中成绩权重（rate）
    #总评成绩=期中成绩*rate+期末成绩
    score = mid_score * rate + end_score* ( 1 – rate )
    #保留小数点后两位，输出总评成绩
    print(format(score,'.2f'))
sum_score(60,80)                                    #函数调用 1
sum_score(60,80,0.4)                                #函数调用 2
```

执行结果是：

74.00
72.00

案例 4-11 中，在函数调用 1 中，默认参数 rate 在传递实参时没有给定具体数据，因此 rate 使用默认值 0.3 进行计算，即 mid_score=60，end_score=80，rate=0.3，所以经过计算后的总评成绩是 74.00；在函数调用 2 中，默认参数 rate 在传递实参时给定了具体数据，因此 rate 按照传递的实参数据进行计算，即 mid_score=60，end_score=80，rate=0.4，所以经过计算后的总评成绩是 72.00。

4.2.3 关键字参数

关键字参数又称为命名参数，是指按名称指定传入的参数。

若函数的参数数量较多，那么开发者可能会记错每个参数的作用，为了避免出错，鼓励采取使用关键字参数的方式传参。关键字参数的传递通过"形参=实参"的格式将实参与形参相关联，将实参按照相应的关键字传递给形参。

使用关键字参数具有以下优点：
1）参数按名称传递意义明确。
2）传递的参数与顺序无关。
3）如果有多个可选参数，则可以选择指定某个参数值。

案例 4-12：关键字参数应用

定义一个输出显示家庭人员名字的函数 family()，之后调用 family()函数，按关键字参数的方式传递实参，示例代码如下：

```
def family(mother , father ):                       #函数定义
    print("这个家庭的妈妈名字叫{mother}，爸爸的名字叫{father}。")
```

```
family(mother="Mary", father="Tom")             #函数调用1
family(father="Tom", mother="Mary")             #函数调用2
```

以上代码运行后，无论是函数调用1语句还是函数调用2语句，都会将"Mary"传递给关联的形参mother，将"Tom"传递给关联的形参father。

运行的代码结果如下：

> 这个家庭的妈妈名字叫Mary，爸爸的名字叫Tom。
> 这个家庭的妈妈名字叫Mary，爸爸的名字叫Tom。

知识拓展

强制命名参数

命名参数中，如果有星号作为参数存在，那么在带星号的参数后面声明的参数在调用时如果没有默认值，则必须显式使用命名参数传递值，否则会出现错误。带星号的参数后面的参数称为强制命名参数。

案例4-13：强制命名参数应用

定义一个输出显示家庭人员名字的函数family_keyword()，之后调用family_keyword()函数，按关键字参数的方式传递实参，示例代码如下：

```
def  family_keyword (*, mother, father):                   #函数定义
    print("这个家庭的妈妈名字叫{mother}，爸爸的名字叫{father}。")
family_keyword (mother="Mary",father="Tom")                #函数调用1
family_keyword (father="Tom", mother="Mary")               #函数调用2
family_keyword ("Mary", "Tom")                             #函数调用3
```

以上代码运行后，无论是函数调用1语句还是函数调用2语句，都会将"Mary"传递给关联的形参mother，将"Tom"传递给关联的形参father。而由于family_keyword()定义时第一个参数为*，所以后面的两个参数mother和father都必须使用命名参数传递值，但是函数调用3语句没有采用命名参数的方式传递值，因此会出现错误。

运行的代码结果如下：

> 这个家庭的妈妈名字叫Mary，爸爸的名字叫Tom。
> 这个家庭的妈妈名字叫Mary，爸爸的名字叫Tom。
> Traceback(most recent call last):
>   File "D:\Python\family_keyword.py" ,line 5 ,in<module>
>   family_keyword ("Mary", "Tom")
> TypeError : family_keyword () takes 0 positional arguments but 2 were given

命名关键字参数可以有默认值，从而简化调用。

案例4-14：命名参数有默认值的应用

```
def  person (name, age , * , city='Beijing', job):         #函数定义
    print(name, age, city, job)
person('Jack', 24, job='Engineer')                         #函数调用
```

案例 4-14 中，由于命名参数 city 具有默认值，调用时可不传入 city 参数。
运行代码如下：

```
Jack   24   Beijing   Engineer
```

4.2.4 位置参数

函数在被调用时会将第 1 个实参传递给第 1 个形参，将第 2 个实参传递给第 2 个形参，以此类推。这种实参按照相应的位置依次传递给形参的参数称为位置参数。默认情况下，形参和实参传递的方式采用位置参数的方式传递，如果参数个数不对，则会产生错误。

若案例 4-7 中的函数定义不变，则调用函数代码如下：

```
get_min(99)
```

执行结果是：

```
TypeError: get_min() missing 1 required poeitional argunent: 'y'
```

无论实参采用位置参数的方式传递，还是采用关键字参数的方式传递，每个形参都是有名称的，那么如何区分究竟采用哪种方式传递呢？Python 3.8 中新增了仅限位置参数的语法，语法中使用"/"限制其前面的参数只能接受采用位置参数传递方式的实参，其后均为普通形参，普通形参可以接受采用位置参数传递方式或关键字参数传递方式的实参。

案例 4-15：位置参数应用

```
def  func(a , b , c , / , d):        #函数定义
    print(a , b , c ,d )
func(1,2,3,d=4)                      #函数调用 1
func(1,2,3,4)                        #函数调用 2
```

执行结果是：

```
1 2 3 4
1 2 3 4
```

从执行结果来看，符号"/"后面的形参 d 采用关键字参数传递方式和采用位置参数传递方式传递的实参都可以正常调用函数，并执行计算。

若对案例 4-15 的函数定义不变，函数调用采用如下代码，那么是否能够正确执行呢？

```
func(a=1,2,3,d=4)        #函数调用 3
func(1,b=2,3,d=4)        #函数调用 4
func(1,2,c=3,d=4)        #函数调用 5
func(a=1,2,3,4)          #函数调用 6
func(1,b=2,3,4)          #函数调用 7
func(1,2,c=3,4)          #函数调用 8
```

函数调用 3～8 均是错误的调用方式。

4.2.5 可变长度参数

在定义函数时，经常出现参数的个数不确定的情况，个数不确定该如何处理呢？

在定义函数时，可以使用带星的参数（如* args）向函数传递可变数量的实参。需要注意的是，在调用函数时，从*参数后所有的参数被收集为一个元组。

在定义函数时，也可以使用带双星的参数（如**kwargs）向函数传递可变数量的实参。在调用函数时，从*参数后所有的参数被收集为一个字典。

注意：带星或带双星的参数必须位于形参列表的最后位置，参数的个数可以是 1 个、2 个到任意个，还可以是 0 个。人们习惯于使用 args 和 kwargs 定义参数，当然其他的名称也可以。当二者同时存在时，一定要将*args 放在**kwargs 之前。

由于参数是通过元组和字典进行收集的，因此参数的访问需要结合循环语句完成元组和字典内数据的遍历。

案例 4-16：可变长度参数应用 1

定义一个函数 calc1()，给定一组数字 a，b，c，…，采用元组的方式收集参数，计算 $a^2 + b^2 + c^2 + \cdots$。

```
def calc1(*args):              #函数定义，所有参数收集为元组
    sum = 0
    for n in args:
        sum = sum + n * n      #元组遍历方式
    return sum
print(calc1(1,2))              #函数调用 1，计算 $1^2+2^2$
print(calc1(1,2,3,4))          #函数调用 2，计算 $1^2+2^2+3^2+4^2$
```

执行结果是：

```
5
30
```

案例 4-17：可变长度参数应用 2

定义一个函数 calc2()，给定一组数字 a，b，c，…，采用字典的方式收集参数，计算 $a^2 + b^2 + c^2 + \cdots$。

```
def calc2(**kwargs):           #函数定义，所有参数收集为字典
    sum = 0
    for n in kwargs:
        sum = sum + kwargs[n] ** 2   #字典访问方式
    return sum
print(calc2(a=1,b=2))          #函数调用 1，计算 $1^2+2^2$
print(calc2(a=1,b=2,c=3,d=4))  #函数调用 2，计算 $1^2+2^2+3^2+4^2$
```

执行结果是：

```
5
```

案例 4-18：可变长度参数应用 3

当可变参数中不仅包含带星的参数，还包含带双星的参数时，该如何分配参数呢？看一下下面的例子。定义一个函数 calc3()，给定一组数字 a，b，c，…，采用字典的方式收集参数，计算 a + b + c +…。

```
def  calc3( a, b, *args, **kwargs):        #函数定义
    sum = a+b                              #位置参数累加和
    for n in args:
        sum = sum + n                      #元组遍历方式
    for key in kwargs:
        sum = sum + kwargs[key]            #字典访问方式
    return sum
print(calc3(1,2))                          #函数调用 1，计算 1+2
print(calc3(1,2,3,4))                      #函数调用 2，计算 1+2+3+4
print(calc3(1,2,3,4,f=5,g=6))              #函数调用 3，计算 1+2+3+4+5+6
```

执行结果是：

```
3
10
21
```

案例 4-18 中，函数调用 3 语句中所给的参数 1、2 为位置参数，3、4 为以元组方式收集的可变参数，5、6 为以字典方式收集的可变参数。读者可以在函数体内用 print()语句输出显示各个数据的类型，以更加深刻地理解可变参数的意义。

在函数调用时，同样允许有星号和双星参数的使用。星号参数用于解包 tuple 对象的每个元素，作为一个一个的位置参数传入函数中；双星参数用于解包 dict 对象的每个元素，作为一个一个的关键字参数传入函数中。

案例 4-19：函数调用时星号可变长度参数的应用

```
def  temp( *args, **kwargs) :              #函数定义
    print(args)
my_tuple("This", "is", "a", "desk")
temp(*my_tuple)                            #函数调用 1，带有星号的参数调用
#等价于
temp("This", "is", "a", "desk")            #函数调用 2，元组解包每个元素函数调用
temp(my_tuple)                             #函数调用 3，元组作为参数
```

案例 4-19 中，函数调用 1 语句中，使用带星号的参数作为实参调用函数，相当于给元组 my_tuple 解包后变成多个变量，作为函数的参数传递给形参*args，执行函数体操作。因此函数调用 1 语句和函数调用 2 语句的结果是相同的。读者可以进行实际操作，看看执行结果是否正确。

特别要注意的是，函数调用 3 语句中，将元组（tuple）作为参数传递给函数，此时这个元组（tuple）对象只会成为未匹配的函数内组装的 tuple 对象中的一个元素而已。

案例 4-20：函数调用时双星号可变长度参数的应用

```
def  temp( *args, **kwargs ) :              #函数定义
     print(args)
my_dict{name="Tom", age=20}
temp(**my_dict)                             #函数调用 1，带有双星号的参数调用
#等价于
temp(name="Tom", age=20)                    #函数调用 2，字典解包每个对象元素函数调用
temp(my_dict)                               #函数调用 3，字典作为参数
```

案例 4-20 中，函数调用 1 语句中，使用带双星号的参数作为实参调用函数，相当于给字典 my_dict 解包后变成 dict 对象中的每个键值对元素，依次转换为一个一个的关键字参数传入函数中。因此函数调用 1 语句和函数调用 2 语句的结果是相同的。读者可以进行实际操作，看看执行结果是否正确。

特别要注意的是，函数调用 3 语句中，调用包含**kwargs 参数的函数时，不要直接传入字典对象，一个字典对象只算一个参数，此时会报错，因为一个 dict 对象不符合关键字参数的语法规范。

综上，调用包含*args 参数的函数时，可以将 tuple 对象的元素使用元组解包语法传入，解包语法为*tuple；调用包含**kwargs 参数的函数时，可以将字典对象使用字典解包语法传入，解包语法为 **dict。另外，解包功能不只是 tuple，还有 list、str、range，只要是序列类型、可迭代对象，都可以使用解包功能。

4.3 函数的返回值

如果函数中的计算结果要用作其他操作，那么可以在函数体中使用 return 语句。函数体中，return 语句的结果就是返回值，返回值可以是任意类型。如果一个函数中没有显式的 return 语句，但有一个隐含的 return 语句，则返回值是 None，类型也是"NoneType"。

return 语句除了具有返回值的功能外，还具有结束函数调用的功能。只要遇到 return 语句并处理完后，函数就会立即结束，无论后面是否还有未完成的语句。

案例 4-21：指定 return 返回值的应用

```
def  showplus(x):           #定义函数
     print(x)
     return x + 1
num = showplus(6)           #调用函数
add = num + 2
print(add)
```

执行结果是：

```
6
9
```

案例 4-21 中，函数体中的 return 语句有指定返回值时，返回的就是其值，这里指定返回 x+1，则变量 num 值为 7，输出结果中的一个是函数体内的输出结果，另一个是调用函数后面的输出结果，因此结果是 6 和 9。

案例 4-22：隐含 return None 的应用

```
def  showplus(x):               #定义函数
    print(x)
num = showplus(6)               #调用函数
print(num)
print(type(num))
```

执行结果是：

```
6
None
<class 'NoneType'>
```

案例 4-22 中，函数体中没有 return 语句，函数运行结束会隐式返回 None 作为返回值，类型是 NoneType，与 return、return None 等效，都返回 None。

一个函数中可以存在多条 return 语句，但只有一条可以被执行，执行后马上跳出函数；如果没有一条 return 语句被执行，则同样会隐式调用 return None 作为返回值。

案例 4-23：多条 return 语句的应用

```
def  is_odd(x):                 #定义函数，判断是否为奇数
    if x%n==0 : return False
    else: return True
is_odd(13425)
```

执行结果是：

```
True
```

一个函数中可以有多个参数传入，那么是否可以有多个结果返回呢？当然可以。函数的多值返回有两种方式。

第一，在 return 后编写多个返回值或者返回值的表达式，中间用逗号隔开。当函数有多值返回时，一定要有相同数量的变量能够接收函数的返回值，或者采用元组返回，否则会出错。

第二，在定义函数语句块中，要返回的数据采用序列数据的方式封装起来。由于函数的返回值可以是任意类型，所以可以正常返回多个数据，只要注意在调用函数时接收的数据类型相匹配就可以了。

案例 4-24：一条 return 语句的多值返回应用

游戏中经常需要从一个点移动到另一个点，给出坐标、位移和角度，就可以计算出新的坐标，代码如下：

```python
import math
def  move(x, y, step, angle=0):              #定义函数
    nx = x + step * math.cos(angle)
    ny = y - step * math.sin(angle)
    return nx, ny                            #函数多值返回
x, y = move(100, 100, 60, math.pi / 6)       #函数调用 1
print(x, y)
r = move(100, 100, 60, math.pi / 6)          #函数调用 2
print(r)
```

执行结果是：

```
151.96152422706632    70.0
(151.96152422706632    70.0)
```

案例 4-24 中，函数 move()定义中的返回值有两个，因此函数调用 1 语句采用两个变量（x 和 y）接收函数的返回值，返回值和接收变量的数量一致，不会出现错误。函数调用 2 语句其实是一种假象，其返回的仍然是单一值，只是多个变量同时被一个元组接收，按位置赋给对应的值，所以 Python 的函数返回多值其实就是返回一个元组，但写起来更方便。

案例 4-25：一条 return 语句的多值返回应用

修改案例 4-24，使用列表的方式返回数据，代码如下：

```python
import math
def move(x, y, step, angle=0):               #定义函数
    result=[ ]
    nx = x + step * math.cos(angle)
    ny = y - step * math.sin(angle)
    result.append(nx)
    result.append(ny)
    return result                            #函数多值返回
r = move(100, 100, 60, math.pi / 6)          #函数调用
for i in r: print(r)
```

执行结果是：

```
151.96152422706632
70.0
```

4.4 变量的作用域

变量由于声明的位置不同，决定了被访问的范围也不相同。变量可被访问的有效范围称为该变量的作用域。变量的作用域可分为全局变量、局部变量和类成员变量。

4.4.1 全局变量

定义在函数和类之外的变量称为全局变量。全局变量适用于定义它的模块内，不受函数的影响，从定义的位置开始，一直到文件的结束位置。

全局变量一般作为常量使用。不同的模块均可访问全局变量，但这会导致全局变量可能不是预想的样子。如果多个语句同时操作一个全局变量，则可能导致程序发生错误，并且没有逻辑错误，因此很难发现和更正。

全局变量降低了函数或模块之间的通用性，也降低了代码的可读性。在一般情况下，不推荐使用全局变量。

案例 4-26：全局变量的使用

```
var=123              #全局变量
def  func():
    print(var)
func()               #调用函数
```

运行结果如下：

```
123
```

案例 4-26 中，先定义一个全局变量 var。由于函数内部没有定义同名变量，所以调用的时候使用的是全局变量的值。

需要注意的是，全局变量在函数内部只能被访问，而无法直接修改。下面对 func() 函数进行修改，添加一条为 var 重新赋值的语句，修改后的代码如下：

```
var=123              #全局变量
def  func():
    print(var)
    var+=1           #在函数体内修改全局变量
func()               #调用函数
```

运行结果如下：

```
UnboundLocalError: local variable 'var' referenced before assignment
```

程序开头已经声明过 var 为全局变量，但运行结果提示程序中有未声明的变量 var。出错的原因是函数内部的变量 var 被视为局部变量，而在执行"var+=1"这行代码之前并未声明过局部变量 var，由此可知，函数内部只能访问全局变量，而无法直接修改全局变量。

4.4.2 局部变量

定义在函数内部的变量称为局部变量。局部变量只能在函数内部使用，只要函数执行结束，局部变量就会立刻被释放，此时无法访问局部变量。

案例 4-27：局部变量的使用

```
var=123             #全局变量
def  func():
    var=45          #局部变量
    print(var)
func()              #调用函数
print(var)
```

运行结果如下：

```
45
123
```

案例 4-27 中，在函数内部定义一个同名变量 var，可以看到，函数在调用的时候优先使用的是自己内部的变量，而在函数外部使用的是全局变量的值。

4.4.3 global 关键字

4.4.1 小节中提到，全局变量在函数内部只能被访问，而无法直接修改。但是实际应用中存在必须在函数内部修改全局变量的需求，这种情况该如何处理呢？可以使用 global 关键字将局部变量声明为全局变量，其使用方法如下：

```
global  变量名
```

案例 4-28：global 关键字的使用

```
var=123             #全局变量
def  func():
    print(var)
    global var      #使用 global 关键字声明 var 为全局变量
    var+=1          #在函数体内修改全局变量
func()              #调用函数
print(var)
```

运行结果：

```
123
124
```

案例 4-28 说明，原来在函数体内无法修改的变量 var 使用 global 关键字，可以在函数内部进行修改，并且没有出错，而且成为全局变量的输出结果。global 关键字可以指定多个全局变量，如 "global x, y, z"。一般应该尽量避免用这种方式使用全局变量，因为全局变量会降低程序的可读性。

4.4.4 nonlocal 关键字

global 关键字可以使得函数体内的全局变量得以修改。当函数中存在嵌套情况时，如果要修改上级函数体中定义的局部变量，则需要用 nonlocal 关键字。

案例 4-29：nonlocal 关键字的使用

```
def outer_func():
    var=123                  #局部变量
    def inner_func():
        print(var)
        nonlocal var         #使用 nonlocal 关键字声明 var 为可修改的局部变量
        var+=1               #在嵌套函数体内修改局部变量
        print(var)
    inner_func()
outer_func()                 #调用函数
```

运行结果：

```
123
124
```

以上代码中定义的 outer_func() 函数中嵌套了函数 inner_func()，outer_func() 函数中声明了一个变量 var，而在 inner_func() 函数中使用 nonlocal 关键字修饰了变量 var，并修改了 var 的值，调用 inner_func() 函数后输出变量 var 的值。从程序的运行结果可以看出，程序在执行 inner_func() 函数时成功地修改了变量 var，并且打印了修改后 var 的值。

4.5 递归函数

递归函数通常用于解决结构相似的问题，采用递归方式可以将一个复杂的大型问题转化为与原问题结构相似、但规模小很多的子问题，问题的最终解决是通过对一个个子问题的解决而实现的。

4.5.1 递归函数的定义

函数在定义时可以直接或间接地调用其他函数。若在函数内部调用了自己，即函数的嵌套调用是函数本身，则这个函数称为递归函数。

案例 4-30：递归函数计算阶乘

```
def fact(n):                 #定义函数
    if n==1: return 1
    return n*fact(n-1)
```

```
number=int(input("请输入要计算阶乘的数字："))
print(number, "!= ",fact(number))        #调用函数
```

运行结果：

```
请输入要计算阶乘的数字：8
8!=40320
```

4.5.2 递归函数的原理

递归函数在定义时需要满足两个条件：递归公式和终止条件。另外，可以递归的序列一定是逐渐收敛的，这样才能够使用递归函数进行计算。

案例4-31：递归函数计算调和数

调和数的计算公式为 $H_n=1+1/2+\cdots+1/n$。

分析：

1）递归公式：当 $n>1$ 时，$H_n=H_{n-1}+1/n$。

2）终止条件：当 $n==1$ 时，$H_n=1$。

调和数公式每次递归时，随着 n 逐渐地增加，H 递减收敛于1，可以使用递归函数。

```
def  harmonic(n):                                    #定义函数
    if n==1: return 1
    return fact(n-1)+1.0/n
number=int(input("请输入要计算调和数的公式的项数："))
print("H", number, "= ",harmonic(number))        #调用函数
```

运行结果：

```
请输入要计算调和数的公式的项数：8
H8=2.7178571428571425
```

4.6 匿名函数

匿名函数，顾名思义就是没有名字的函数，它主要用在那些只使用一次的场景中。如果程序中只需要调用一次某个逻辑简单的函数，那么使用匿名函数能够使程序更加简单、清晰。

匿名函数的格式是：

```
lambda arg1, arg2... argN : expression
```

匿名函数的函数体只有一个表达式，实现的功能比较简单，而且不能被其他程序使用。所以定义好的匿名函数最好使用变量保存，以方便函数调用。

案例4-32：匿名函数的使用

```
temp =lambda x:pow(x,3)        #定义匿名函数计算任意数的3次方
```

```
print(temp(2))
```

运行结果：

```
8
```

案例 4-32 中，变量 temp 作为匿名函数的临时名称来调用函数，使得程序的编写更清晰。

4.7 模块和库

4.7.1 模块的定义和导入

函数是完成特定功能的一段程序，是可复用程序的最小组成单位。类是包含一组数据及操作这些数据或传递消息的函数的集合。模块是在函数和类的基础上，将一系列相关代码组织到一起的集合体。

Python 中的模块可分为 3 类，分别是内置模块、第三方模块和自定义模块。相关介绍如下：

1）内置模块是 Python 内置标准库中的模块，也是 Python 的官方模块，可直接导入程序以供开发人员使用。

2）第三方模块是由非官方制作发布的、供大众使用的 Python 模块，在使用之前需要开发人员先自行安装。

3）自定义模块是开发人员在程序编写的过程中自行编写的、存放功能性代码的.py 文件。

一个完整、大型的 Python 程序通常被组织为模块和包的集合。

在导入一个包时，Python 首先在当前包中查找模块。若找不到，则在内置的 built-in 模块中查找，仍然找不到的话，则根据 sys.path 中的目录来寻找这个包中包含的子目录。目录只有包含 __init__.py 文件时才会被认作一个包，最简单的方法就是建立一个内容为空的文件并命名为__init__.py。事实上，__init__.py 还应定义__all__用来支持模糊导入。

可以使用以下语句查看当前系统的 Python 搜索路径：

```
import sys
sys.path
```

需要注意的是，Python 安装目录下的 Lib 文件夹内存放了内置的标准库，如图 4-3 所示。

Lib/site-packages 目录下（有的 Linux 发行版是 Lib/dist-packages）则存放了用户自行安装的第三方模块（库），如图 4-4 所示。

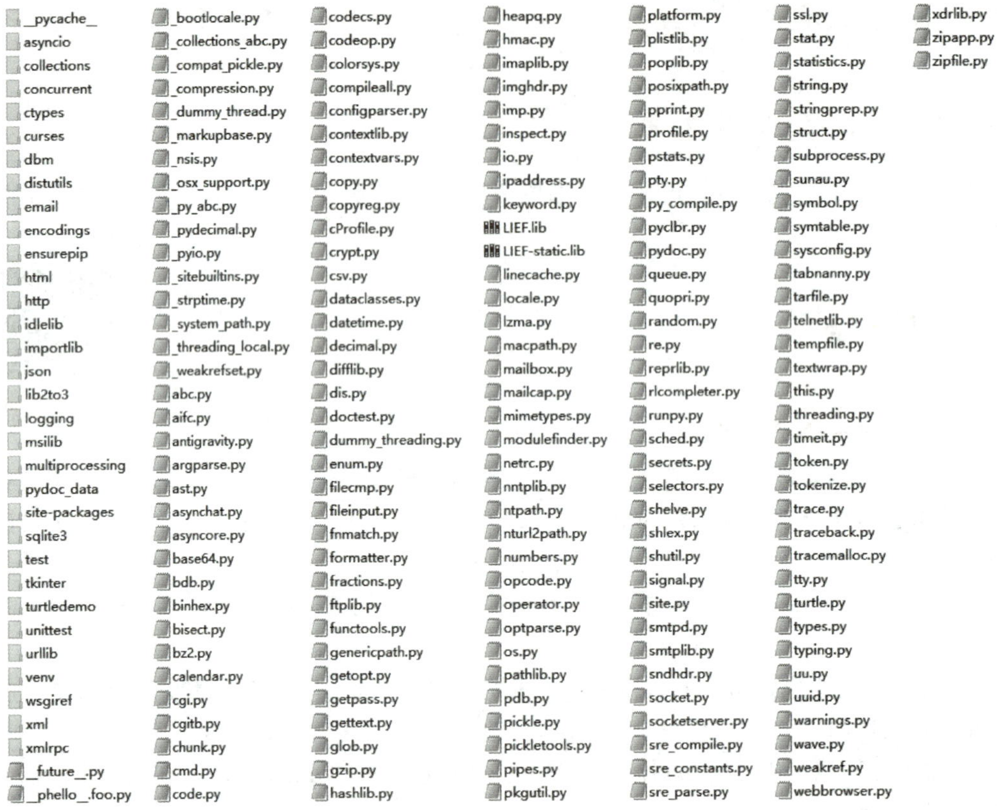

图 4-3　Python 内置标准库存放在 Lib 目录下

图 4-4　用户自行安装的第三方模块（库）

第 4 章　函数和模块

在使用模块提供的函数时，可以先查看函数的功能和调用方法，其语法格式为：

> import 模块名
> help(模块名)

案例 4-33：查看 math 模块的 API

打开 PyCharm 控制台（Console），在其中输入"import math"，按〈Enter〉键后，在提示符后输入"help(math)"，后面就会出现 math 模块中包含函数的内容及功能，具体如图 4-5 所示。

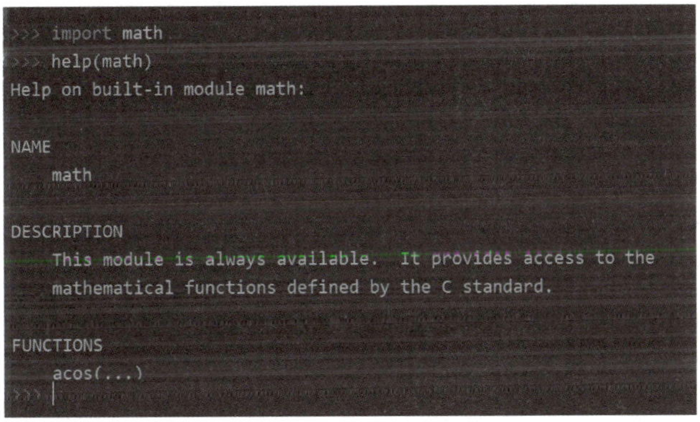

图 4-5　查看 math 模块的内容及功能

在 Python 程序中，每个.py 文件都可以视为一个模块。通过在当前.py 文件中导入其他.py 文件，可以使用被导入文件中定义的内容，如类、变量、函数等。

在文件中除了可以定义变量、函数外，还可以包含一般语句。当运行该模块或者导入模块时，这些一般语句将依次执行。一般而言，在独立运行的源代码中，可通过一般语句实现相应的功能，作为库的模块，除了正常包括的变量、函数和类外，还可以包含用于测试的代码。模块的名称通过__name__这个特殊变量获取，当一个模块被用户单独运行时，可以设置变量__name__的值为"__main__"，这样可以保证只有模块单独运行时才能运行测试代码。

案例 4-34：创建模块

```
PI=3.14
def circle(r):                    #定义函数
    return PI*r*r
def ract(x,y):
    return x*y
#测试代码
def main():
    print('圆形的面积是 = ', format(circle(3),'.2f'))
if __name__=='__main__'           #如果独立运行，则运行测试代码
    main()
```

运行结果如下：

圆形的面积是 = 28.26

导入模块一般采用 import 语句。import 语句的语法如下：

import 模块 1 [, 模块 2[,…, 模块 N]]

若只希望导入模块中指定的一部分，则可以使用 from…import 语句。其语法如下：

from 包或模块名 import 包或类或函数名 1 [, 包或类或函数名 2 [, …包或类或函数名 N]]

例如导入 png.py 模块，可以执行：

from images.formats import png

提示：每个模块只会被导入一次。模块被导入一次之后，即使再次执行 import 语句，也不会重新导入，因此应该尽量避免出现循环/嵌套导入。如果出现多个模块都需要共享的数据，则可以将共享的数据集中存放到某个地方。

当模块内容通过外部编辑器发生了改变时，可以使用 reload(模块)函数重新加载该模块。

案例 4-35：重载模块

import importlib, Test	#导入模块
importlib.reload(Test)	#模块重载

案例 4-35 中，首先使用 import 导入了 Test 模块，当 Test 模块重新编写之后，需要重载，因此需要导入 importlib 模块，可使用 importlib 的 reload()函数重新加载以前导入的模块。

当设计的程序需要导入多个模块时，应按照内置模块、第三方模块、自定义模块的顺序依次导入。

4.7.2 标准库

为了方便调用，将一些功能相近的模块组织在一起，或是将一个较为复杂的模块拆分为多个组成部分，可以将这些.py 源程序文件放在同一个文件夹下，按照 Python 的规则进行管理。这样的文件夹和其中的文件就称为包，库则是功能相关联的包的集合。

包是一个有层次的文件目录结构，它定义了由 n 个模块或 n 个子包组成的 Python 应用程序执行环境。通俗一点讲，包是一个包含__init__.py 文件的目录，该目录下一定得有__init__.py 文件和其他模块或子包。

Python 拥有一个强大的标准库。Python 语言的核心只包含数字、字符串、列表、字典、文件等常见类型和函数，而 Python 标准库则提供了操作系统接口、文本处理、数据处理、网络通信、数据库接口、图形系统、XML 处理等额外的功能。关于 Python 标准库的官方文档如图 4-6 所示。

要查看系统都安装了哪些标准库，应该怎样做呢？

案例 4-36：查看安装了哪些标准库并确定位置

> \>>> pip list

使用 pip list 命令可以查看安装了哪些标准库，如果是用 anaconda 安装的 Python，则用 conda list 命令。

> \>>>conda list

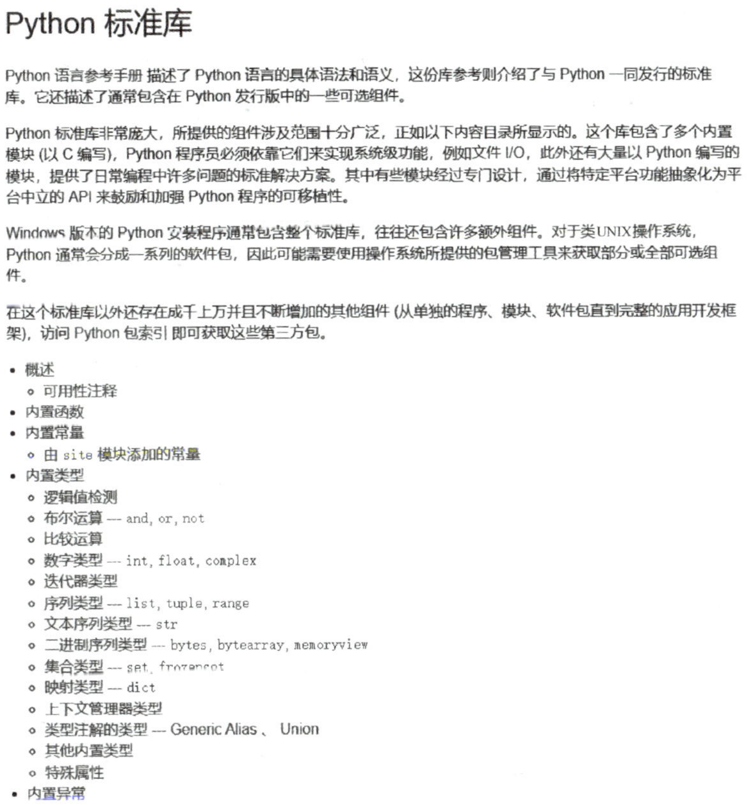

Python 标准库

Python 语言参考手册 描述了 Python 语言的具体语法和语义，这份库参考则介绍了与 Python 一同发行的标准库。它还描述了通常包含在 Python 发行版中的一些可选组件。

Python 标准库非常庞大，所提供的组件涉及范围十分广泛，正如以下内容目录所显示的。这个库包含了多个内置模块 (以 C 编写)，Python 程序员必须依靠它们来实现系统级功能，例如文件 I/O，此外还有大量以 Python 编写的模块，提供了日常编程中许多问题的标准解决方案。其中有些模块经过专门设计，通过将特定平台功能抽象化为平台中立的 API 来鼓励和加强 Python 程序的可移植性。

Windows 版本的 Python 安装程序通常包含整个标准库，往往还包含许多额外组件。对于类 UNIX 操作系统，Python 通常会分成一系列的软件包，因此可能需要使用操作系统所提供的包管理工具来获取部分或全部可选组件。

在这个标准库以外还存在成千上万并且不断增加的其他组件 (从单独的程序、模块、软件包直到完整的应用开发框架)，访问 Python 包索引即可获取这些第三方包。

- 概述
  - 可用性注释
- 内置函数
- 内置常量
  - 由 site 模块添加的常量
- 内置类型
  - 逻辑值检测
  - 布尔运算 — and, or, not
  - 比较运算
  - 数字类型 — int, float, complex
  - 迭代器类型
  - 序列类型 — list, tuple, range
  - 文本序列类型 — str
  - 二进制序列类型 — bytes, bytearray, memoryview
  - 集合类型 — set, frozenset
  - 映射类型 — dict
  - 上下文管理器类型
  - 类型注解的类型 — Generic Alias、Union
  - 其他内置类型
  - 特殊属性
- 内置异常

图 4-6　关于 Python 标准库的官方文档

库文件在 Python 目录下的 Lib/site-packages 里。

Python 中如何区分一个模块是标准库还是第三方库？

可以在控制台输入命令 pip freeze | grep xxx，xxx 为需要查询的库。第三方库有版本信息，而系统库没有。

案例 4-37：查询库是否是第三方库

查询 json 库是否是第三方库。

> \>>> pip freeze | grep json

输出中没有版本信息，说明 json 是标准库。

怎样查找 Python 标准库和第三方库中函数的说明？

65

案例 4-38：查询库中函数说明

第一种方法：输入如下命令。

```
>>> import NumPy
>>> help(NumPy.array)
```

第二种方法：查官方文档。

Windows 版本的 Python 安装程序通常包含整个标准库，往往还包含许多额外组件。对于类 UNIX 操作系统，Python 通常会分成一系列的软件包，因此可能需要使用操作系统所提供的包管理工具来获取部分或全部可选组件。关于 Python 3 标准库的更多信息，可以查看官方文档，网址为 https://docs.python.org/zh-cn/3/library/index.html。

4.7.3 第三方库

Python 标准库无须安装，只需要先通过 import 语句导入便可使用其中的方法。Python 的第三方库需要先进行安装（部分可能需要配置）。日常工作中，常用的 Python 第三方库很多，根据数据处理的一般流程，各阶段常用的 Python 第三方库如下：

1）数据采集。Python 进行数据采集的方式很多，比如，Python 爬虫常用于从 Web 页面获取一些结构化的数据。而在 Python 爬虫过程中，常用的第三方数据库有 requests、beautifulsoup、lxml。

2）数据读写。数据读写主要涉及数据库及文件交互的部分库。常用的第三方数据库有 pymysql、cx-oracle、psycopg2、sqlite3、sqlalchemy、pymongodb、xlrd、xlwt、csv。

3）数据分析与处理。从这里开始进入 Python 数据处理的主要环节，也是真正考察 Python 数据分析能力的重点。常用的数据处理库包括 NumPy、Pandas、PySpark、Scipy、geopandas。

4）数据可视化。数据分析和处理的重要环节是数据可视化，往往也是决定自己工作质量好坏的关键环节。可用于输出可视化图表的 Python 库很多，如基于 NumPy 的 Matplotlib、基于 Matplotlib 的 seaborn、基于 Echarts 的 Pyecharts 等，还有很多其他可选的库。

5）数据挖掘。在进行简单的数据分析之后，往往要进入统计学习和数据挖掘阶段，或者用更专业的术语讲，是"机器学习"。也正是得益于机器学习的盛行，Python 语言才有了不断发展壮大的今天。用 Python 进行机器学习时，主要使用以下几个常用的库：Scikit-learn、xgboost、lightgbm、Pytorch、TensorFlow。

可以在 The Python Package Index（PyPI）软件库（官网主页：https://pypi.org/）中查询、下载和发布 Python 包或库。

如何安装 Python 的第三方库呢？主要方法是使用包管理器，下面详细介绍。

Python 拥有 pip 和 easy_install，并作为包管理器。前面说到的 PyPI 就是一些 Python 第三库所在的源，使用 pip 或者 easy_install 安装模块，会搜索这个源，然后自动下载、安装。

案例 4-39：用包管理器安装第三方库（Pymysql）

```
pip install pymysql
```

或者

```
easy_install  pymysql
```

案例 4-40：用包管理器卸载第三方库（Pymysql）

```
pip  uninstall  pymysql
```

需要注意的是，pip 是在线安装的，有时网络并不是那么顺畅，那么是否可以离线安装呢？答案是可以的，使用 pip install 的第一步，就是在 PyPI 上寻找包，然后下载到本地。如果网络不顺畅，则可以先创建一个本地的库，离线下载常用的包。

案例 4-41：离线安装第三方库（Flask）

很多第三方库都是开源的，几乎都可以在 Github 或者 PyPI 上找到源码。一个库会提供.whl、.tar、.tar.gz 这 3 种格式的文件。

（1）.whl 文件

该文件是已经编译好的包，类似于.exe 文件，安装时只需要打开命令行（终端），输入 pip install，接着直接将这个文件拖进命令行，按〈Enter〉键就能安装。

（2）.tar 包

.tar 包是打包在一起的还没有编译的源文件。

（3）.tar.gz 包

.tar.gz 包是压缩并打包在一起的源文件，也没有编译，而安装 .tar 包和 .tar.gz 包的方法就是先解压，然后在命令行输入 cd 后进行解压得到的文件夹，执行下面代码即可：

```
Python  setup.py  install
```

有时，pip 安装的速度很慢，如果不想下载到本地，想直接使用 pip 安装，那么可以考虑使用国内源镜像。国内源地址如下。

阿里云镜像：http://mirrors.aliyun.com/pypi/simple/。

清华大学镜像：https://pypi.tuna.tsinghua.edu.cn/simple/。

豆瓣镜像：http://pypi.doubanio.com/simple/。

中科大镜像：https://mirrors.tuna.tsinghua.edu.cn/pypi/web/simple/。

案例 4-42：用国内源镜像安装第三方库（Pandas）

```
pip  install  pandas  -i  https://pypi.tuna.tsinghua.edu.cn/simple  some-package
```

第三方库的安装会经常出错，一般在安装包出错时都会有提示，大多数问题是连接超时、版本不对、依赖包安装失败。如果连接超时，则一般需要换个镜像；如果版本不对，则一般需要更新版本；如果依赖包安装失败，则需要找到报错的那个包下载源文件。

4.8 案例——选手打分

体操比赛中，评委会给参赛选手打分。选手得分规则为去掉一个最高分和一个最低分，然后计算平均得分，请使用函数的思想，编程输出某选手的得分。

案例 4-43：选手打分参考代码

```
def  grade(s):
    st = s.split()
    st.sort()
    sum = 0
    for  i  in range(1, len(st)-1):
        sum += int(st[i])
    highest = int(st[len(st)])
    lowest = int(st[0])
    aver = round(sum/(len(scores)-2),2)
    return highest , lowest , aver
while True:
    p = input("请输入评委人数(至少 3 人)： ")
    if p == " ":
        break
    lis = input("请输入每位评委的评分，用空格分开：")
    hgrade,lgrade,agrade=grade(lis)
    fen = format((sum / (int(p)-2)), '.2f')
    print("选手最高分：",hgrade,"选手最低分：",lgrade,"最后得分：",agrade)
```

函数的作用在于提高代码的复用率、软件开发效率、代码的可扩展性。在复用这方面，要注意知识产权的纠纷问题和创新意识的培养。创新是引领发展的第一动力，知识产权作为国家发展战略性资源和国际竞争力核心要素的作用更加凸显。新一轮科技革命带来的是更加激烈的科技竞争，如果科技创新搞不上去，发展动力就不可能实现转换，我国在全球经济竞争中就会处于下风。

4.9　习题

一、填空题

1．如果要为定义在函数外的全局变量赋值，则可以使用_____语句，表明变量是在外面定义的全局变量。

2．变量按其作用域大致可以分为_____、_____和_____。

3．编写 Python 程序时，若需要调用已经安装过的模块，则应通过_____语句导入模块，并使用其定义的功能。

4．声明函数时所声明的参数称为_____。

5．带星号的参数后面声明的参数强制为_____。

二、判断题

1．一个函数中只能有一个 return 语句进行返回值。　　　　　　　　　　　　　（　　）

2. 函数定义时，当既有默认值的形参又有没有默认值的形参时，要先声明有默认值的形参。（　　）

3. 声明函数时，函数可以通过带双星的参数向函数传递可变数量的实参，在调用函数时，在**参数后，所有的参数被收集为一个元组。（　　）

4. 在嵌套函数中，如果要为定义在上级函数体的局部变量赋值，则可以使用 nonlocal 关键字，表明变量不是所在块的局部变量，而是在上级函数体中定义的局部变量。（　　）

5. 每个递归函数都必须包括两个主要部分：递归公式和终止条件。（　　）

三、选择题

1. 在 Python 中，若有代码"def f1 (p,**p2)： print(type(p2)"，则 f1(1,a=2)的运行结果是（　　）。

    A．<class 'int'>　　　　　　　　B．<class 'type'>
    C．<class 'dict'>　　　　　　　　D．<class 'list'>

2. 下列关于函数的说法中，描述错误的是（　　）。

    A．函数可以减少重复的代码，使程序更加模块化
    B．不同的函数中可以使用相同名字的变量
    C．调用函数时，实参的传递顺序与形参的顺序可以不同
    D．匿名函数与使用 def 关键字定义的函数没有区别

3. 以下关于 Python 函数的描述中，错误的是（　　）。

    A．Python 程序需要包含一个主函数且只能包含一个主函数
    B．如果 Python 程序包含一个函数 main()，则这个函数与其他函数的地位相同
    C．Python 程序可以不包含 main()函数
    D．Python 程序的 main()函数可以改变为其他名称

4. 关于以下代码的描述中，错误的是（　　）。

```
def fact(n):
    s = 1
    for i in range(1,n+1):
        s *= i
    return s
```

    A．代码中，n 是可选参数
    B．fact(n)函数的功能为求 n 的阶乘
    C．s 是局部变量
    D．range()函数是 Python 内置函数

5. 以下代码的输出结果是（　　）。

```
t=10.5
def above_zero(t):
    return t>0
```

A．10.5　　　B．False　　　C．没有输出　　　D．True

四、编程题

1．编写函数，从键盘输入参数 n，计算斐波那契数列中第一个大于 n 的项。斐波那契数列为 1,1,2,3,5,8,13,…，即从第 3 项开始，每一项都是前两项之和。

2．汉诺塔游戏要求把圆盘从一根柱子上移动到另一根柱子上，移动的过程中可以借助第三根柱子，并且一次只能移动一个盘子，盘子的摆放只能上小下大。请用递归函数实现汉诺塔问题。

3．有 5 个人坐在一起，问第 5 个人多少岁？他说比第 4 个人大两岁。问第 4 个人的岁数，他说比第 3 个人大两岁。问第 3 个人，又说比第 2 个人大两岁。问第 2 个人，说比第 1 个人大两岁。最后问第 1 个人，他说是 10 岁。请问第 5 个人多大？运用函数递归思想，编写函数完成计算。

第 5 章 turtle 库

本章导读

turtle 库是 Python 的标准库之一，是一个直观有趣的图形绘制函数库。使用 turtle 库可以快速地实现从小白变成绘画大师。

本章主要介绍 turtle 库的使用方法。学习 turtle 库的使用，有助于提高对图形绘制内容的理解。

学习目标

1. 掌握 turtle 库的基本用法
2. 掌握 turtle 运动、画笔、视窗控制的常用函数
3. 掌握 turtle 窗口及屏幕坐标体系
4. 理解并熟练完成综合案例，学会设计 turtle 作品

5.1 turtle 库简介

turtle 库是 Python 的基础绘图库，1969 年诞生，主要用于入门级程序设计，属于入门级的图形绘制函数库。它是随解释器直接安装到操作系统中的功能模块。

turtle（海龟）绘制是假设有一只海龟在窗体正中心，当海龟在画布上游走时，走过的轨迹形成了绘制的图形。海龟由函数控制，可以自由改变颜色、方向、宽度等。

（1）导入 turtle 库

turtle 库作为标准库在安装解释器时同时安装，使用时需要导入才能使用。导入语句如下：

```
import turtle
```

调用海龟需要使用 turtle.<函数名>()

例如：turtle.circle()。

from turtle import *：用此方法调用海龟直接采用<函数名>()。
import turtle as t：用此方法调用海龟采用 t.<函数名>()。
turtle 库的使用主要分为创建窗口、设置画笔和绘制图形 3 个方面。
（2）turtle 的空间坐标体系
goto(x,y)是去往某一位置的函数，在其行进过程中，会留下痕迹。
可以使用 turtle.bk(d)、turtle.fd(d)、turtle.circle(r,angle)等函数让海龟移动。
（3）设置海龟属性
设置海龟属性的常用函数如下：
设置画布背景颜色：turtle.bgcolor(*args)。
背景图片填充：turtle.bgpic(picname=None)。
颜色使用 RGB 色彩模式：turtle.colormode(mode)，支持 RGB 的小数模式和整数模式。

5.2 turtle 库常见方法

turtle 库根据一组函数指令的控制在平面坐标系中移动，从而在其行进的路径上绘制图形。操纵 turtle 绘图有许多的命令,这些命令可以划分为运动命令、画笔控制命令、视窗控制命令等。

5.2.1 运动控制

turtle 库运动控制常用的函数如表 5-1 所示。

表 5-1　turtle 库运动控制常用函数

函数	说明
turtle.goto(x,y)	画笔定位到坐标(x,y)
turtle.seth(angle)	改变海龟的行进方向（角度按逆时针），但不行进，angle 为绝对度数，一圈是 360°
turtle.forward(distance)	向正方向运动 distance 长的距离
turtle.backward(distance)	向负方向运动 distance 长的距离
turtle.left(angle)	向左旋转 angle 度
turtle.right(angle)	向右旋转 angle 度
turtle.home()	回到原点
turtle.speed(speed)	画笔的速度 speed 为 1（慢）～10（快）
turtle.circle(radius,extent=None,steps=None)	画圆形，radius 为半径，extent 为圆的角度
turtle.done()	启动事件循环，作为程序中的最后一个语句。如果没有这条语句，代码运行完成后窗口直接结束

5.2.2 画笔控制

turtle 库画笔控制常用函数如表 5-2 所示。

第 5 章　turtle 库

表 5-2　turtle 库画笔控制常用函数

函数	说明
turtle.pensize(width=None)	画笔粗细
turtle.pencolor(*args)	画笔颜色
turtle.fillcolor(*args)	填充颜色
turtle.penup()	起笔，在此状态下不会画出运动的轨迹
turtle.pendown()	落笔，在此状态下会画出运动的轨迹
turtle.begin_fill()	开始填充
turtle.end_fill()	结束填充

常用的 RGB 色彩体系如表 5-3 所示。

表 5-3　常用的 RGB 色彩体系

英文名称	RGB 整数值	RGB 小数值	中文名称
white	255,255,255	1,1,1	白色
yellow	255,255,0	1,1,0	黄色
magenta	255,0,255	1,0,1	洋红
cyan	0,255,255	0,1,1	青色
blue	0,0,255	0,0,1	蓝色
black	0,0,0	0,0,0	黑色
gold	255,215,0	1,0.84,0	金色

5.2.3　视窗控制

Python 使用 turtle 库绘制图形化界面时，首先需要创建绘图窗体，如图 5-1 所示。创建绘图窗体的语法格式如下：

> turtle.setup (width,height,startx=None,starty=None)

参数说明：
width：窗体的宽度，为整数时表示像素，为小数时表示占据计算机屏幕的比例。
height：窗体的高度，为整数时表示像素，为小数时表示占据计算机屏幕的比例。
startx：窗体距离屏幕边缘的左边像素距离。
starty：窗体距离屏幕上面边缘的像素距离。
其中，后两个参数是可选项。如果不填写后两个参数，窗体会默认显示在屏幕的正中间。
setup()也是可选的，在需要定义窗体的大小及位置时才使用。
setup()隐含定义了画布的位置，默认是居中占整个屏幕的一半，它同时隐含定义了画布的大小为（400,300）。
可使用 screensize()设置画布大小及背景色。使用 screensize(400,300,'grey')，会在相同位置创建相同大小的画布，背景色为灰色。窗体和画布不是一个概念，如果画布大于窗体，则会出现滚动条，反之画布填充窗体。

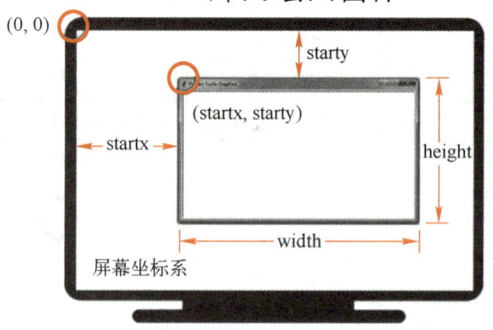

图 5-1　turtle 库的绘图窗体

5.3　案例

下面利用上面介绍的多个函数完成如下综合案例。

5.3.1　多边形

案例 5-1：绘制一个正方形

```
import turtle              #导入 turtle 库
p = turtle.Turtle()        #创建海龟对象
p.color("black")           #设置绘制时画笔的颜色
p.pensize(3)               #定义绘制时画笔的线条宽度
turtle.speed(1)            #定义绘图的速度（"slowest"或者 1 均表示最慢）
p.goto(0,0)                #移动海龟到坐标原点(0,0)
for i in range(4):         #绘出正方形的 4 条边
    p.forward(100)         #向前移动 100
    p.left(90)             #向左旋转 90°
```

案例 5-2：绘制任意正多边形

```
import turtle                              #导入 turtle 库
def draw_polygon(sides, side_len):         #绘制指定边长长度的多边形
    for i in range(sides):
        turtle.forward(side_len)           #绘制边长
        turtle.left(180 - (sides-2) * 180 / sides)  #旋转角度
s=int(input("请输入绘制多边形边数："))
l=int(input("请输入绘制多边形边长值："))
draw_polygon(s, l) #绘制多边形
```

案例 5-2 中利用了多边形内角的计算公式内角=(n-2)*180/n。绘制图形时，对于相邻两

74

条边，海龟的旋转角度为 180-(n-2)*180/n。除此之外，可以使用 turtle.fillcolor(color) 进行颜色填充操作，也可以考虑通过一个循环控制用户输入多边形的边数，保证边数是一个合理的数据，请读者考虑如何完善编程。

5.3.2 复杂几何图形

案例 5-3：绘制复杂几何图形

```python
import turtle
#画布属性设置
canvas = turtle.Screen()
canvas.bgcolor("white")
#画笔设置
pen = turtle.Pen()
pen.hideturtle()
pen.color('red', 'yellow')
#开始绘图，并填充颜色
pen.begin_fill()
while True:
    pen.forward(200)
    pen.left(170)
    if abs(pen.pos()) < 1:
        break
pen.end_fill()
```

案例运行结果如图 5-2 所示。

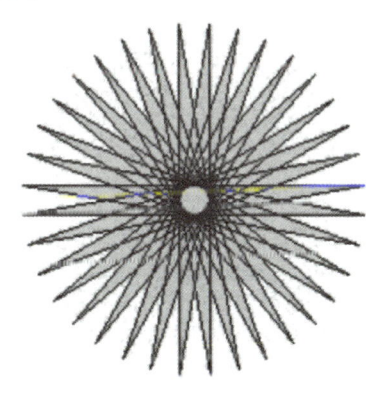

图 5-2　复杂几何图形

对于案例 5-3 有如下说明：

画笔申明：如果有很多画笔，则需要申明 turtle.Pen()，否则默认是一个画笔，此时无须申明。

画笔颜色：color('red', 'yellow')中，red 表示画笔颜色，yellow 表示填充颜色。

填充的范围：表示 begin_fill()和 end_fill()之间的部分。

画笔的当前属性：例如，位置 pos()，即海龟当前的坐标(x,y)；还有 heading()，即朝向角度值。

画笔的可见性：正常情况下，画笔是一个箭头的形状，可以通过 hideturtle() 和 showturtle() 来隐藏和显示画笔。

设置背景颜色：bgcolor("white")。

补充说明：

画笔的控制有 penup 和 pendown 两种状态。画笔默认在 pendown 状态下，只要移动就会在画布上画出图形。如果需要调整位置，在另外一个位置下笔，则需要先调整为 penup 状态，否则移动画笔时也会有线条出来。这个和现实中画画是一样的。

案例 5-4：绘制玫瑰线

```
from turtle import *
from math import *
color("red")
def draw(a,end):
    t=0
    while t<(14*end):
        x=a*sin(t*3.14)*cos(t)
        y=a*sin(t*3.14)*sin(t)
        goto(x,y)
        t=t+0.03
draw(100,3.14)
done()
```

案例运行结果如图 5-3 所示。

图 5-3 玫瑰线

案例 5-5：绘制螺旋

```
import turtle
t=turtle.Pen()
```

```
for x in range(360):
    t.forward(x)
    t.left(59)
done()
```

案例运行结果如图 5-4 所示。

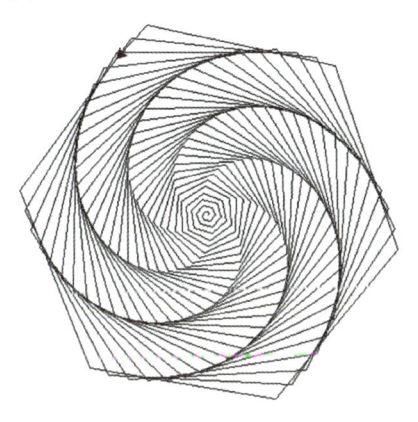

图 5-4　螺旋

案例 5-6：绘制扇子

```
from turtle import *
forward(200)
left(90)
fillcolor('red')
begin_fill()
circle(100,180)
end_fill()
left(90)
forward(100)
for i in range(17):
    left(10)
    pencolor('yellow')
    forward(100)
    backward(100)
left(100)
pensize(10)
pencolor('red')
forward(100)
hideturtle()
done()
```

案例运行结果如图 5-5 所示。

图 5-5 扇子

案例 5-7：绘制松树

```python
import turtle
import turtle
screen = turtle.Screen()
screen.setup(800,600)
circle = turtle.Turtle()
circle.shape('circle')
circle.color('red')
circle.speed('fastest')
circle.up()
square = turtle.Turtle()
square.shape('square')
square.color('green')
square.speed('fastest')
square.up()
circle.goto(0,280)
circle.stamp()
k = 0
for i in range(1, 17):
    y = 30*i
    for j in range(i-k):
        x = 30*j
        square.goto(x,-y+280)
        square.stamp()
        square.goto(-x,-y+280)
        square.stamp()
    if i % 4 == 0:
        x = 30*(j+1)
        circle.color('red')
        circle.goto(-x,-y+280)
        circle.stamp()
```

```
            circle.goto(x,-y+280)
            circle.stamp()
            k += 2
        if i % 4 == 3:
            x = 30*(j+1)
            circle.color('yellow')
            circle.goto(-x,-y+280)
            circle.stamp()
            circle.goto(x,-y+280)
            circle.stamp()
square.color('brown')
for i in range(17,20):
    y = 30*i
    for j in range(3):
        x = 30*j
        square.goto(x,-y+280)
        square.stamp()
        square.goto(-x,-y+280)
        square.stamp()
turtle.exitonclick()
```

案例运行结果如图 5-6 所示。

图 5-6　松树

案例 5-8：用正方形画圆

```
import turtle
turtle.speed(10)
for i in range(360):
    #偏转角度
    turtle.setheading(i)
    for i in range(4):
```

```
            turtle.forward(100)
            turtle.left(90)
turtle.done()
```

案例运行结果如图 5-7 所示。

图 5-7 用正方形画圆

5.3.3 小屋

案例 5-9：绘制小屋

```
import turtle as t
t.pensize(2)
t.speed(1)        #设置画画的速率
t.colormode(255)
t.pencolor("black")
t.begin_fill()
#房顶
t.fillcolor(0,245,255)
for i in range(3):
    t.forward(240)
    t.left(120)
t.end_fill()
#房顶阁楼窗户外框
t.penup()
t.goto(80,20)
t.pendown()
t.begin_fill()
t.fillcolor("white")
for i in range(4):
    t.forward(80)
    t.left(90)
```

```
t.end_fill()
#阁楼窗户内部的横线
t.penup()
t.goto(80,60)
t.pendown()
t.forward(80)
#阁楼窗户内部的竖线
t.penup()
t.goto(120,100)
t.pendown()
t.right(90)
t.forward(80)
t.right(90)
t.forward(80)
#房屋主体
t.left(90)
t.penup()
t.goto(0,0)
t.pendown()
t.begin_fill()
t.fillcolor(255,165,0)
for i in range(2):
    t.forward(240)
    t.left(90)
    t.forward(240)
    t.left(90)
t.end_fill()
#屋门
t.penup()
t.goto(30,-180)
t.pendown()
t.begin_fill()
t.fillcolor("blue")
for i in range(2):
    t.forward(50)
    t.left(90)
    t.forward(100)
    t.left(90)
t.end_fill()
#窗框
t.penup()
t.goto(140,-90)
t.pendown()
t.begin_fill()
```

```python
    t.fillcolor("white")
    for i in range(4):
        t.forward(70)
        t.left(90)
    t.end_fill()
    #窗户上的竖线
    t.penup()
    t.goto(175,-90)
    t.pendown()
    t.left(90)
    t.forward(70)
    t.hideturtle()
```

案例运行结果如图 5-8 所示。

图 5-8　小屋

应用提醒：快来试一试把小屋改造成你心目中的样子，比如将屋顶画成圆形。

5.3.4　樱花

案例 5-10：绘制樱花

```python
import turtle as T
import random
import time
#画樱花的躯干(60,t)
def Tree(branch, t):
    time.sleep(0.0005)
    if branch > 3:
        if 8 <= branch <= 12:
            if random.randint(0, 2) == 0:
                t.color('snow')      #白
            else:
                t.color('lightcoral') #淡珊瑚色
            t.pensize(branch / 3)
```

```
        elif branch < 8:
            if random.randint(0, 1) == 0:
                t.color('snow')
            else:
                t.color('lightcoral') #淡珊瑚色
            t.pensize(branch / 2)
        else:
            t.color('sienna') #赭色
            t.pensize(branch / 10) #6
        t.forward(branch)
        a = 1.5 * random.random()
        t.right(20 * a)
        b = 1.5 * random.random()
        Tree(branch - 10 * b, t)
        t.left(40 * a)
        Tree(branch - 10 * b, t)
        t.right(20 * a)
        t.up()
        t.backward(branch)
        t.down()
#掉落的花瓣
def Petal(m, t):
    for i in range(m):
        a = 200 - 400 * random.random()
        b = 10 - 20 * random.random()
        t.up()
        t.forward(b)
        t.left(90)
        t.forward(a)
        t.down()
        t.color('lightcoral') #淡珊瑚色
        t.circle(1)
        t.up()
        t.backward(a)
        t.right(90)
        t.backward(b)
#绘图区域
t = T.Turtle()
#画布大小
w = T.Screen()
t.hideturtle() #隐藏画笔
t.getscreen().tracer(5, 0)
w.screensize(bg='wheat') #小麦
t.left(90)
```

```
        t.up()
        t.backward(150)
        t.down()
        t.color('sienna')
        #画樱花的躯干
        Tree(60, t)
        #掉落的花瓣
        Petal(200, t)
        w.exitonclick()
```

案例运行结果如图 5-9 所示。

图 5-9 樱花

现在社会，每一刻都会产生大量的数据，这些来源于人、机器和互联网本身的数据并不一定能为管理人员和其他决策者提供有价值的见解，必须整理、规范和进一步解释数据，然后进行分析和采取行动，才能提供有意义的价值。数据可视化为技术人员、管理人员和其他知识工作者提供了新方法，可以显著提高掌握隐藏在数据中的信息的能力，在加强商业信息传递效率、快速访问相关业务见解、快速识别最新趋势、预测销售分析等方面有很大的实用意义。

5.4 习题

一、选择题

1. 下面哪个选项不能改变 turtle 画笔的方向。（　　）

　　A．right()　　　　B．backward()　　　　C．bk()　　　　D．seth()

2. 哪个选项能够使用 turtle 库绘制一个半圆形？（　　）

　　A．turtle.fd(100)　　　　　　　　　B．turtle.circle(100, -180)

　　C．turtle.circle(100)　　　　　　　　D．turtle.circle(100, 90)

3. 哪个选项对 turtle.done() 的描述是正确的？（　　）

　　A．turtle.done() 放在代码最后，是 turtle 绘图的必要要求，表示绘制完成

　　B．turtle.done() 用来隐藏 turtle 绘制画笔，一般放在代码最后

　　C．turtle.done() 用来暂停画笔绘制，用户响应后还可以继续绘制

　　D．turtle.done() 用来停止画笔绘制，但绘图窗体不关闭

4. turtle 中的 write() 命令有什么作用？（　　）

　　A．写入一行命令　　　　　　　　　B．写内容到窗口中

　　C．输出一段字符串变量　　　　　　D．写入一个字符串数据到内存中

5. 这段代码召唤了几只画笔海龟库？（　　）

```
import turtle
p1 = turtle.Pen()
p2 = turtle.Pen()
p3 = turtle.Pen()
p1.forward(100)
p2.forward(-100)
p3.left(90)
p3.forward(100)
turtle.done()
```

　　A．1 只　　　　B．2 只　　　　C．3 只　　　　D．4 只

二、判断题

1. 使用 turtle 画图填充图形前，必须要使用 begin_fill() 函数进行初始化。（　　）
2. turtle.speed() 命令设定画笔运动的速度，其参数范围是 0~10 的整数。（　　）
3. 在 turtle 库中，turtle.screensize() 可以设置画布大小，其默认大小为(400,300)。
（　　）
4. 使用 turtle 库之前，需要用 import turtle 导入库文件。（　　）
5. 使用 turtle 时，画布默认坐标左上角为画布中心。（　　）

第 6 章　交互界面库

本章导读

Python 提供了多个交互界面的库，通过交互界面库开发的图形用户界面，可以大大提高用户的使用体验，提高效率。Tkinter、wxPython、Jython 是几个常用的 Python GUI 库。Tkinter 模块是 Python 的标准 Tk GUI 工具包的接口，wxPython 是一款开源软件，Jython 程序可以和 Java 无缝集成。本章重点讲解 Tkinter 库。通过本章的学习，读者可以快速地完成可视化交互界面的设计与开发。

学习目标

1. 掌握 Tkinter 库中常用控件的使用
2. 掌握 Tkinter 库中常用控件的属性设置
3. 掌握 Tkinter 库中常用控件函数的使用方法
4. 了解 EasyGUI 库的安装及设计思路
5. 了解 EasyGUI 库中常用控件的使用方法
6. 了解 PyQt 建立交互界面的方法

6.1　Tkinter 简介

Tkinter（即 Tk interface）是 Python 标准图形用户界面库，简称"Tk"。Tk 是一款轻量级的跨平台图形用户界面（GUI）开发工具。它可以运行在大多数的 UNIX、Windows 和 Macintosh 系统中。由于 Tkinter 是 Python 自带的标准库，因此无须另行安装，需要使用时，直接导入即可。

Tkinter 编写的程序，也称为 GUI 程序。GUI（Graphical User Interface）指的是"图形用户界面"，它是计算机图形学（CG）的一门分支，主要研究如何在计算机中表示图形，以及利用计算机进行图形的计算、处理和显示等相关工作。

一个 GUI 程序一般由窗口、下拉菜单或者对话框等图形化组件构成，通过使用鼠标单击菜单栏、按钮或者以弹出对话框的形式来实现人机互动。

6.2 Tkinter 常见控件

一个完整的 GUI 程序是由许多控件（Widgets）构成的，如按钮、文本框、输入框、选择框、菜单栏等。为了开发一个界面优雅、功能完善的 GUI 程序，需要掌握各种控件的功能、属性。下面对常用控件进行介绍。

每个控件都有各自不同的功能，但控件中也有一些相同的属性。表 6-1 所示就是一些共有属性。

表 6-1 控件共有属性

编号	属性名称	说明
1	anchor	定义控件或者文字信息在窗口内的位置
2	bg	bg 是 background 的缩写，用来定义控件的背景颜色，参数值可以为颜色的十六进制数，也可以为颜色的英文单词
3	bitmap	定义显示在控件内的位图文件
4	borderwidth	定义控件的边框宽度，单位是像素
5	command	该参数用于执行事件函数，比如，单击按钮时执行特定的动作，可执行用户自定义的函数
6	cursor	当将鼠标指针移动到控件上时，定义鼠标指针的类型、字符或格式，参数值有 crosshair（十字光标）、watch（待加载圆圈）、plus（加号）、arrow（箭头）等
7	font	若控件支持设置标题文字，就可以使用此属性来定义，它是一个数组格式的参数：(字体,大小,字体样式)
8	fg	fg 是 foreground 的缩写，用来定义控件的前景色，也就是字体的颜色
9	height	该参数值用来设置控件的高度，文本控件以字符的数目为高度（px），其他控件则以像素为单位
10	image	定义显示在控件内的图片文件
11	justify	定义多行文字的排列方式，此属性可以是 LEFT、CENTER、RIGHT
12	padx/pady	定义控件内的文字或者图片与控件边框之间的水平/垂直距离
13	relief	定义控件的边框样式，参数值为 FLAT（平的）、RAISED（凸起的）、SUNKEN（凹陷的）、GROOVE（沟槽状边缘）、RIDGE（脊状边缘）
14	text	定义控件的标题文字
15	state	控制控件是否处于可用状态，参数值为 NORMAL、DISABLED，默认为 NORMAL（正常的）
16	width	用于设置控件的宽度，使用方法与 height 属性相同

窗口（window）控件是一切控件的容器，其他控件都需要在这个容器中绘制和显示。Tkinter 提供了一些关于主窗口对象的常用方法。

案例 6-1：创建一个空白窗口

```
#导入 Tk
from tkinter import *
#创建一个主窗口对象
root = Tk()
```

```
#调用 mainloop()显示主窗口
root.mainloop()
```

程序运行结果如图 6-1 所示。

图 6-1 创建空白窗口

窗口常用方法如表 6-2 所示。

表 6-2 窗口常用方法

序号	方法	说明
1	window.title("my title")	接收一个字符串参数，为窗口标题命名
2	window.resizable()	是否允许用户拉伸主窗口大小，默认为可更改，当设置为 resizable(0,0)或者 resizable(False,False)时表示不可更改
3	window.geometry()	设定主窗口的大小及位置，当参数值为 None 时表示获取窗口的大小和位置信息
4	window.quit()	关闭当前窗口
5	window.update()	刷新当前窗口
6	window.mainloop()	设置窗口主循环，使窗口循环显示（一直显示，直到窗口被关闭）
7	window.iconbitmap()	设置窗口左上角的图标（图标是.ico 文件类型）
8	window.config(background ="red")	设置窗口的背景色为红色，也可以接收十六进制的颜色值
9	window.minsize(50,50)	设置窗口被允许调整的最小范围，即宽和高各 50
10	window.maxsize(400,400)	设置窗口被允许调整的最大范围，即宽和高各 400
11	window.attributes("-alpha",0.5)	用来设置窗口的一些属性，比如透明度（-alpha）、是否置顶（-topmost，即将主屏置于其他图标之上）、是否全屏（-fullscreen）显示等
12	window.state("normal")	用来设置窗口的显示状态，参数值 normal（正常显示）、icon（最小化）、zoomed（最大化）
13	window.withdraw()	用来隐藏主窗口，但不会销毁窗口
14	window.iconify()	设置窗口最小化
15	window.deiconify()	将窗口从隐藏状态还原
16	window.winfo_screenwidth() window.winfo_screenheight()	获取计算机屏幕的分辨率（尺寸）
17	window.winfo_width() window.winfo_height()	获取窗口的大小，同样也适用于其他控件，但是使用前需要使用 window.update() 刷新屏幕，否则返回值为 1
18	window.protocol("协议名",回调函数)	启用协议处理机制，常用协议有 WN_DELETE_WINDOW，当用户关闭窗口时，窗口不会关闭，而是触发回调函数

案例 6-2：窗口属性设置

```python
import tkinter as tk
root =tk.Tk()
#设置窗口 title
root.title("案例——窗口")
#设置窗口大小：宽×高，注：此处不能为 "*"，必须使用 "×"
root.geometry('450×300')
#设置窗口的大小，必须先刷新屏幕
root.update()
#改变背景颜色
root.config(background="#6fb765")
#设置窗口处于顶层
root.attributes('-topmost',True)
#设置窗口的透明度
root.attributes('-alpha',1)
#进入主循环，显示主窗口
root.mainloop()
```

运行结果如图 6-2 所示。

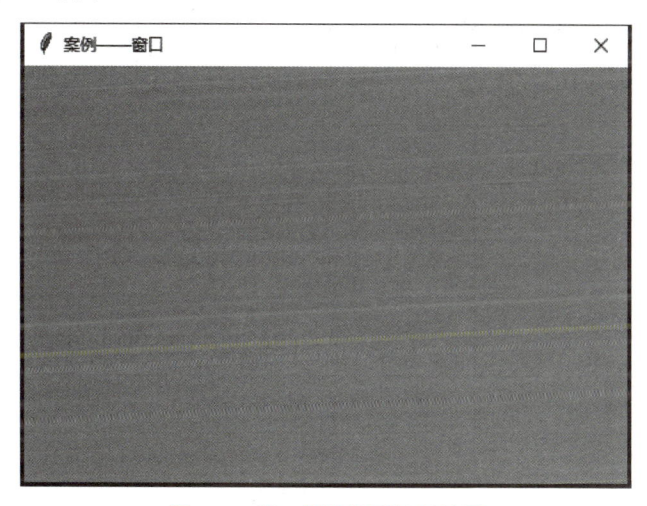

图 6-2　窗口属性设置运行结果

6.2.1　标签控件

　　Label（标签）控件是 Tkinter 中最常使用的一种控件，主要用来显示窗口中的文本或者图像。不同的 Label（标签）允许设置各自不同的属性。标签控件常用属性如表 6-3 所示。

表 6-3　标签控件常用属性

编号	属性名称	说明
1	anchor	控制文本（或图像）在 Label 中显示的位置（方位），通过方位的英文字符串缩写（n、ne、e、se、s、sw、w、nw、center）实现定位，默认为居中（center）
2	bg	用来设置背景色
3	bd	即 borderwidth，用来指定 Label 控件的边框宽度，单位为像素，默认为 2 个像素
4	bitmap	指定显示在 Label 控件上的位图，若指定了 image 参数，则该参数会被忽略
5	compound	控制 Label 中文本和图像的混合模式，若选项设置为 CENTER，则文本显示在图像上；如果将选项设置为 BOTTOM、LEFT、RIGHT、TOP，则图像显示在文本旁边
6	cursor	指定当鼠标指针在 Label 上掠过的时候，鼠标指针的显示样式，参数值为 arrow、circle、cross、plus
7	disableforeground	指定当 Label 设置为不可用状态时前景色的颜色
8	font	指定 Label 中文本的(字体,大小,样式)元组参数格式，一个 Label 只能设置一种字体
9	fg	设置 Label 的前景色
10	height/width	设置 Label 的高度/宽度。如果 Label 显示的是文本，那么单位是文本单元；如果 Label 显示的是图像，那么单位就是像素；如果不设置，Label 会自动根据内容来计算出标签的高度/宽度
11	highlightbackground	当 Label 没有获得焦点时高亮边框的颜色，系统默认是标准背景色
12	highlightcolor	指定当 Label 获得焦点时高亮边框的颜色，系统默认为 0，即不带高亮边框
13	image	指定 Label 显示的图片，一般是 PhotoImage、BitmapImage 的对象
14	justify	表示多行文本的对齐方式，参数值为 left、right、center，注意文本的位置取决于 anchor 选项
15	padx/pady	padx 指定 Label 水平方向上的间距（即内容和边框间），pady 指定 Label 垂直方向上的间距（内容和边框间的距离）
16	relief	指定边框样式，默认值是 flat，其他参数值有 groove、raised、ridge、solid 或者 sunken
17	state	该参数用来指定 Label 的状态，默认值为 normal（正常状态），其他可选参数值有 active 和 disabled
18	takefocus	默认值为 False。如果是 True，则表示该标签接收输入焦点
19	text	用来指定 Label 显示的文本，注意文本内可以包含换行符
20	underline	给指定的字符添加下画线。默认值是-1，表示不添加。当设置为 1 时，表示给第二个文本字符添加下画线
21	wraplength	将 Label 显示的文本分行，该参数指定了分行后每一行的长度，默认值为 0

案例 6-3：设置标签控件

```
import tkinter as tk
root = tk.Tk()
root.title("案例——标签")
root.geometry('400×200')
root.iconbitmap('F:/齐齐哈尔大学 logo.ICO')
#若内容是文字，则以字符为单位；若为图像，则以像素为单位
label = tk.Label(root, text="欢迎学习 Tkinter",font=('宋体',20, 'bold italic'),bg="#7CCD7C",
```

```
                              #设置标签内容区大小
                              width=30,height=5,
                              #设置填充区距离、边框宽度和样式（凹陷式）
                              padx=10, pady=15, borderwidth=10, relief="sunken")
       label.pack()
       root.mainloop()
```

运行结果如图 6-3 所示。

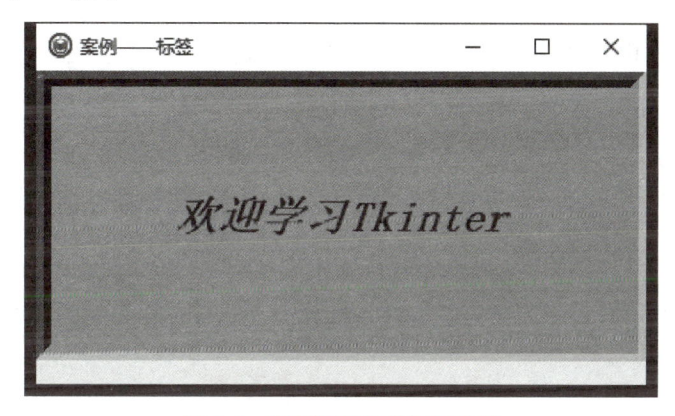

图 6-3 设置标签控件运行结果

6.2.2 文本框控件

文本框控件包括 Text 和 Entry 两种。Entry 控件的作用是允许用户输入内容，从而实现 GUI 程序与用户的交互，比如当用户登录软件时，输入用户名和密码，此时就需要使用 Entry 控件。Text 控件与 Entry 控件相比，Text 控件适用于显示和编辑多行文本，而 Entry 控件则适用于处理单行文本。

Entry 控件的基本语法格式如下：

```
tk_entry = Entry( master, option, ... )
```

Entry 控件还提供了一些常用的方法，如表 6-4 所示。

表 6-4 Entry 控件常用方法

编号	方法	说明
1	delete()	根据索引值删除输入框内的值
2	get()	获取输入框内的值
3	set()	设置输入框内的值
4	insert()	在指定的位置插入字符串
5	index()	返回指定的索引值
6	select_clear()	取消选中状态
7	select_adujst(index)	确保输入框中选中的范围包含 index 参数所指定的字符，选中指定索引和光标所在位置之前的字符

(续)

编号	方法	说明
8	select_from (index)	设置一个新的选中范围，通过索引值 index 来设置
9	select_present()	返回输入框中是否有处于选中状态的文本，如果有则返回 True，否则返回 False
10	select_to()	选中指定索引与光标之间的所有值
11	select_range()	选中指定索引与光标之间的所有值，参数值为 start、end，要求 start 必须小于 end

Entry 控件也提供了对输入内容的验证功能，比如要求输入英文字母却输入了数字，这就属于非法输入。Entry 控件通过以下参数实现对内容的验证，如表 6-5 所示。

表 6-5　Entry 控件验证功能参数

参数	说明
validate	指定验证方式，字符串参数，参数值有 focus、focusin、focusout、key、all、none
validatecommand	指定用户自定义的验证函数，该函数只能返回 True 或者 False
invalidcommand	当 validatecommand 指定的验证函数返回 False 时，可以使用该参数值再指定一个验证函数

下面对 validate 的参数值做简单的说明，如表 6-6 所示。

表 6-6　validate 参数值说明

编号	参数值	说明
1	focus	当 Entry 控件获得或失去焦点的时候验证
2	focusin	当 Entry 控件获得焦点的时候验证
3	focuson	当 Entry 控件失去焦点的时候验证
4	key	当输入框被编辑的时候验证
5	all	当出现上边任何一种情况的时候验证
6	none	默认不启用验证功能，需要注意的是这里是字符串的"none"

Spinbox 是 Entry 控件的升级版，它是 Tkinter 8.4 版本后新增的控件。该控件不仅允许用户直接输入内容，还支持用户使用微调选择器（即上下按钮调节器）来输入内容。一般情况下，Spinbox 控件用于在固定的范围内选取一个值的时候使用。

案例 6-4：Entry 控件设置

```
import tkinter as tk
root =tk.Tk()
#设置主窗口
root.geometry('250×100' )
root.title("案例——entry")
root.iconbitmap('F:/齐齐哈尔大学 logo.ICO')
root.resizable(0,0)
#新建文本标签
labe1 = tk.Label(root,text="账号：")
labe2 = tk.Label(root,text="密码：")
```

```
#grid()控件布局管理器，以行、列的形式对控件进行布局
labe1.grid(row=0)
labe2.grid(row=1)
#为上面的文本标签创建两个输入框控件
entry1 = tk.Entry(root)
entry2 = tk.Entry(root)
#对控件进行布局管理，放在文本标签的后面
entry1.grid(row=0, column=1)
entry2.grid(row=1, column=1)
#显示主窗口
root.mainloop()
```

运行结果如图 6-4 所示。

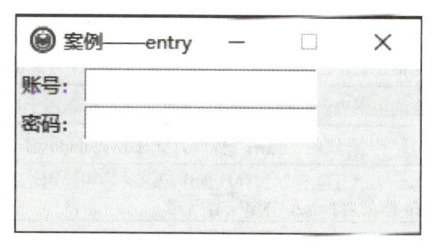

图 6-4　Entry 控件设置运行结果

Text 控件类似 HTML 中的<textarea>标签，允许用户以不同的样式、属性来显示和编辑文本，它可以包含纯文本或者格式化文本，同时支持嵌入图片、显示超链接以及带有 CSS 格式的 HTML 等。Text 控件有很多适用场景，比如显示某个产品的详细信息或者人物信息等。

除了基本的共有属性外，Text 控件还具备以下属性，如表 6-7 所示。

表 6-7　Text 控件属性

编号	属性	说明
1	autoseparators	默认为 True，表示执行撤销操作时是否自动插入一个"分隔符"（其作用是用于分隔操作记录）
2	exportselection	默认值为 True，表示被选中的文本是否可以被复制到剪切板。若是 False，则表示不允许
3	insertbackground	设置插入光标的颜色，默认为 BLACK
4	insertborderwidth	设置插入光标的边框宽度，默认值为 0
5	insertofftime	该选项控制光标的闪烁频率（灭的状态）
6	insertontime	该选项控制光标的闪烁频率（亮的状态）
7	selectbackground	指定被选中文本的背景颜色，默认值由系统指定
8	selectborderwidth	指定被选中文本的背景颜色，默认值是 0
9	selectforeground	指定被选中文本的字体颜色，默认值由系统指定
10	setgrid	默认值是 False，指定一个布尔类型的值，确定是否启用网格控制
11	spacing1	指定 Text 控件文本块中的每一行与上方的空白间隔，注意忽略自动换行，默认值为 0
12	spacing2	指定 Text 控件文本块中自动换行的各行间的空白间隔，忽略换行符，默认值为 0

(续)

编号	属性	说明
13	spacing3	指定 Text 组件文本中每一行与下方的空白间隔，忽略自动换行，默认值为 0
14	tabs	定制 Tag 所描述的文本块中〈Tab〉键的功能，默认被定义为 8 个字符宽度，比如 tabs=('1c', '2c', '8c') 表示前 3 个 Tab 宽度分别为 1cm、2cm、8cm
15	undo	该参数默认为 False，表示关闭 Text 控件的"撤销"功能。若为 True，则表示开启
16	wrap	该参数用来设置当一行文本的长度超过 width 选项设置的宽度时是否自动换行，参数值包括 none（不自动换行）、char（按字符自动换行）、word（按单词自动换行）
17	xscrollcommand	该参数与 Scrollbar 相关联，表示沿水平方向上下滑动
18	yscrollcommand	该参数与 Scrollbar 相关联，表示沿垂直方向左右滑动

下面对 Text 常用的方法进行介绍，如表 6-8 所示。

表 6-8 Text 常用方法

方法	说明
bbox(index)	返回指定索引的字符的边界框，返回值是一个 4 元组，格式为(x, y, width, height)
edit_modified()	该方法用于查询和设置 modified 标志（该标志用于追踪 Text 组件的内容是否发生变化）
edit_redo()	"恢复"上一次的"撤销"操作，如果设置 undo 选项为 False，则该方法无效
edit_separator()	插入一个"分隔符"到存放操作记录的栈中，用于表示已经完成一次完整的操作，如果设置 undo 选项为 False，则该方法无效
get(index1, index2)	返回特定位置的字符，或者一个范围内的文字
image_cget(index, option)	返回 index 参数指定的嵌入 image 对象的 option 选项的值，如果给定的位置没有嵌入 image 对象，则抛出 TclError 异常
image_create()	在 index 参数指定的位置嵌入一个 image 对象，该 image 对象必须是 Tkinter 的 PhotoImage 或 BitmapImage 实例
insert(index, text)	在 index 参数指定的位置插入字符串，第一个参数也可以设置为 INSERT，表示在光标处插入，END 则表示在末尾处插入
delete(startindex [, endindex])	删除特定位置的字符，或者一个范围内的文字
see(index)	如果指定索引位置的文字是可见的，则返回 True，否则返回 False

案例 6-5：Text 控件设置

```
from tkinter import *
root = Tk()
root.title("案例——text")
root.iconbitmap('F:/齐齐哈尔大学 logo.ICO')
root.geometry('400×420')
#创建一个文本控件
#width 表示一行可见的字符数；height 表示显示的行数
text = Text(root, width=50, height=30, undo=True, autoseparators=False)
#使用 pack(fill=X) 可以设置文本域的填充模式。比如 X 表示沿水平方向填充，Y 表示沿垂直方向填充，BOTH 表示沿水平、垂直方向填充
text.pack()
#INSERT 表示在光标处插入；END 表示在末尾处插入
```

> text.insert(INSERT, '齐齐哈尔大学，致知，致用，致远')
> root.mainloop()

运行结果如图 6-5 所示。

图 6-5　Text 控件设置运行结果

6.2.3　菜单控件

菜单控件（Menu 控件）是图形交互界面导航。设置菜单控件可以让界面与众多软件的使用风格统一，方便用户学习使用。它能将各个功能分组显示，通过显示或隐藏的方式控制功能的使用，使得界面的使用简洁、优雅。

Tkinter 菜单控件提供了 3 种类型的菜单，分别是主目录（toplevel）菜单、下拉式（pull-down）菜单、弹出式（pop-up）菜单。

菜单控件常用方法如表 6-9 所示。

表 6-9　菜单控件常用方法

方法	说明
add_cascade(**options)	添加一个父菜单，将一个指定的子菜单通过 menu 参数与父菜单连接，从而创建一个下拉菜单
add_checkbutton(**options)	添加一个多选按钮的菜单项
add_command(**options)	添加一个普通的命令菜单项
add_radiobutton(**options)	添加一个单选按钮的菜单项
add_separator(**options)	添加一条分割线
add(add(itemType, options))	添加菜单项，此处的 itemType 参数可以是 command、cascade、checkbutton、radiobutton、separator 这 5 种，并使用 options 选项来设置菜单其他属性
elete(index1, index2=None)	删除 index1～index2（包含）的所有菜单项。如果忽略 index2 参数，则删除 index1 指向的菜单项
entrycget(index, option)	获得指定菜单项的某选项的值

（续）

方法	说明
entryconfig(index, **options)	设置指定菜单项的选项
index(index)	返回与 index 参数相应的选项的序号
insert(index, itemType, **options)	插入指定类型的菜单项到 index 参数指定的位置，类型可以是 command、cascade、checkbutton、radiobutton 或 separator 中的一个，也可以使用 insert_类型(index,**options)形式，比如 insert_cascade(index, **options)等
invoke(index)	调用 index 指定的菜单项相关联的方法
post(x, y)	在指定的位置显示弹出菜单
type(index)	获得 index 参数指定菜单项的类型
unpost()	移除弹出菜单
yposition(index)	返回 index 参数指定的菜单项的垂直偏移位置

案例 6-6：创建主目录菜单

```
from tkinter import *
import tkinter.messagebox
#创建主窗口
root = Tk()
root.config(bg='#87CEEB')
root.title("案例——主目录菜单")
root.geometry('450*350+300+200')
root.iconbitmap('F:/齐齐哈尔大学 logo.ICO')
#绑定一个执行函数，当单击菜单项的时候会显示一个消息对话框
def menuCommand() :
    tkinter.messagebox.showinfo("主菜单栏","你单击了主菜单栏！")
#创建一个主目录菜单，也称为顶级菜单
main_menu = Menu (root)
#新增命令菜单项，使用 add_command() 实现
main_menu.add_command (label="文件",command=menuCommand)
main_menu.add_command (label="编辑",command=menuCommand)
main_menu.add_command (label="格式",command=menuCommand)
main_menu.add_command (label="查看",command=menuCommand)
main_menu.add_command (label="帮助",command=menuCommand)
#显示菜单
root.config (menu=main_menu)
root.mainloop()
```

运行结果如图 6-6 所示。

图 6-6 创建主目录菜单运行结果

6.2.4 列表框控件

当需要输入一些信息且输入的信息有一些选择范围时，会用到列表框（Listbox）。列表框中的选项可以是多个条目，也可以是单个唯一条目。使用列表框可以规范用户输入，提高数据获取的正确率。

列表框控件常用方法如表 6-10 所示。

表 6-10 列表框控件常用方法

方法	说明
activate(index)	将给定索引号对应的选项激活，即在文本下方画一条下画线
bbox(index)	返回给定索引号对应的选项的边框，返回值用一个以像素为单位的 4 元组表示边框，即 (xoffset, yoffset, width, height)，xoffset 和 yoffset 表示距离左上角的偏移位置
curselection()	返回一个元组，包含被选中的选项序号（从 0 开始）
delete(first, last=None)	删除参数 first 到 last 范围内（包含 first 和 last）的所有选项
get(first, last=None)	返回一个元组，包含参数 first 到 last 范围内（包含 first 和 last）的所有选项的文本
index(index)	返回与 index 参数相应选项的序号
itemcget(index, option)	设置 index 参数指定的项目对应的选项（由 option 参数指定）
itemconfig(index, **options)	设置 index 参数指定的项目对应的选项（由可变参数**option 指定）
nearest(y)	返回与给定参数 y 在垂直坐标上最接近的项目的序号
selection_set(first, last=None)	设置参数 first 到 last 范围内（包含 first 和 last）的选项为选中状态，使用 selection_includes（序号）可以判断选项是否被选中
size()	返回 Listbox 组件中选项的数量

(续)

方法	说明
xview(*args)	该方法用于在水平方向上滚动 Listbox 组件的内容，一般通过绑定 Scrollbar 组件的 command 选项来实现。如果第一个参数是 moveto，则第二个参数表示滚动到指定的位置：0.0 表示最左端，1.0 表示最右端。如果第一个参数是 scroll，则第二个参数表示滚动的数量，第三个参数表示滚动的单位（可以是 units 或 pages），例如，xview("scroll", 2, "pages")表示向右滚动两行
yview(*args)	该方法用于在垂直方向上滚动 Listbox 组件的内容，一般通过绑定 Scrollbar 组件的 command 选项来实现

列表框常用属性如表 6-11 所示。

表 6-11 列表框常用属性

方法	说明
listvariable	1）指向一个 StringVar 类型的变量，该变量存放 Listbox 中所有的项目 2）在 StringVar 类型的变量中，用空格分隔每个项目，例如，var.set("c c++ java Python")
selectbackground	指定当某个项目被选中时的背景颜色，默认值由系统指定
selectborderwidth	1）指定当某个项目被选中时边框的宽度 2）默认是由 selectbackground 指定的颜色填充，没有边框 3）如果设置了此选项，那么 Listbox 的每一项都会相应变大，被选中项为 raised 样式
selectforeground	指定当某个项目被选中时的文本颜色，默认值由系统指定
selectmode	决定选择的模式，Tk 提供了 4 种不同的选择模式，分别是 single（单选）、browse（也是单选，但拖动鼠标或通过方向键可以直接改变选项）、multiple（多选）和 extended（也是多选，但需要同时按住〈Shift〉键或〈Ctrl〉键，或者拖拽鼠标实现），默认是 browse
setgrid	指定一个布尔类型的值，决定是否启用网格控制，默认值是 False
takefocus	指定该组件是否接收输入焦点（用户可以通过〈Tab〉键将焦点转移上来），默认值是 True
xscrollcommand	为 Listbox 组件添加一条水平滚动条，将此选项与 Scrollbar 组件相关联即可
yscrollcommand	为 Listbox 组件添加一条垂直滚动条，将此选项与 Scrollbar 组件相关联即可

案例 6-7：创建列表框控件

```
#创建一个列表框控件，并增加相应的选项
from tkinter import *
#创建主窗口
win = Tk()
win.title("案例——列表框")
win.geometry('400*200')
win.iconbitmap('F:/齐齐哈尔大学 logo.ICO')
#创建列表选项
listbox1 =Listbox(win)
listbox1.pack()
#i 表示索引值，item 表示值，根据索引值的位置依次插入
for i,item in enumerate(["标签","文本框","菜单","列表","按钮"]):
    listbox1.insert(i,item)
#显示窗口
win.mainloop()
```

运行结果如图 6-7 所示。

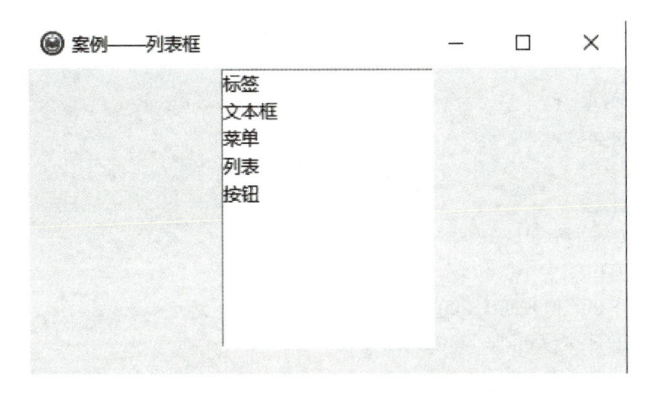

图 6-7 列表框控件运行结果

6.2.5 按钮控件

按钮（Button）控件为程序与用户交互提供了主要途径。用户通过单击按钮来执行对应的函数，完成相应的功能。因此需要先定义一个函数，然后将函数与按钮相关联，单击按钮时执行函数功能。

按钮控件常用属性如表 6-12 所示。

表 6-12 按钮控件常用属性

属性	说明
anchor	控制文本所在的位置，默认为中心位置（CENTER）
activebackground	当将鼠标指针放在按钮上时按钮的背景色
activeforeground	当将鼠标指针放在按钮上时按钮的前景色
bd	按钮边框的大小，默认为 2 个像素
bg	按钮的背景色
command	用来执行按钮关联的回调函数。当按钮被单击时，执行该函数
fg	按钮的前景色
font	按钮文本的字体样式
height	按钮的高度
highlightcolor	按钮控件高亮处要显示的颜色
image	按钮上要显示的图片
justify	按钮显示多行文本时，用来指定文本的对齐方式，参数值有 LEFT、RIGHT、CENTER
padx/pady	padx 指定 x 轴（水平方向）的间距大小，pady 表示 y 轴（垂直方向）的间距大小
ipadx/ipady	ipadx 表示标签文字与标签容器之间的横向距离；ipady 表示标签文字与标签容器之间的纵向距离
state	设置按钮的可用状态，可选参数有 NORMAL、ACTIVE、DISABLED，默认为 NORMAL
text	按钮控件要显示的文本

案例 6-8：按钮控件

```python
import tkinter as tk
from tkinter import messagebox
root = tk.Tk()
#设置窗口的标题
root.title('案例——按钮')
#设置并调整窗口的大小、位置
root.geometry('400*300+300+200')
#当按钮被单击时执行 click_button()函数
def click_button():
    #使用消息对话框控件，showinfo()表示温馨提示
    messagebox.showinfo(title='齐大三致学风', message='致知，致用，致远')
#单击按钮时执行的函数
button = tk.Button(root,text='确定',bg='#7CCD7C',width=20, height=5,command=click_button).pack()
#显示窗口
root.mainloop()
```

运行结果如图 6-8 所示。

图 6-8　按钮控件运行结果

6.2.6　对话框

Tkinter 为对话框提供了 3 种控件：文件选择对话框（Filedailog）、颜色选择对话框（Colorchooser）、消息对话框（Messagebox）。使用对话框可以增强用户的交互体验。下面分别介绍几种对话框的常用方法，如表 6-13 所示。

表 6-13　文件选择对话框常用方法

编号	方法	说明
1	Open()	打开某个文件
2	SaveAs()	打开一个保存文件的对话框

（续）

编号	方法	说明
3	askopenfilename()	打开某个文件，并以包含文件名的路径作为返回值
4	askopenfilenames()	同时打开多个文件，并以元组形式返回多个文件名
5	askopenfile()	打开文件，并返回文件流对象
6	askopenfiles()	打开多个文件，并以列表形式返回多个文件流对象
7	asksaveasfilename()	选择以什么文件名保存文件，并返回文件名
8	asksaveasfile()	选择以什么类型保存文件，返回文件流对象
9	askdirectory	选择目录，并返回目录名
10	Open()	打开某个文件

颜色选择对话框主要应用在画笔、涂鸦等功能上，通过它可以绘制出各种颜色。颜色选择对话框的两个常用方法如表 6-14 所示。

表 6-14　颜色选择对话框的两个常用方法

方法	说明
askcolor()	打开一个颜色选择对话框，并将用户选择的颜色值以元组的形式返回（没有选择颜色值，返回 None），格式为((R, G, B), "#rrggbb")
Chooser()	打开一个颜色选择对话框，用户选择颜色并确定后，返回一个二元组，格式为((R, G, B), "#rrggbb")

消息对话框主要起到警告、说明、信息提示、询问的作用，通常配合事件函数一起使用，比如，执行某个操作时需要询问下一步的操作方向，然后弹出消息对话框。使用消息对话框可以提升用户的交互体验，使得 GUI 程序更加人性化。消息对话框常用方法如表 6-15 所示。

表 6-15　消息对话框常用方法

方法	说明
askokcancel(title=None, message=None)	打开一个"确定/取消"的对话框
askquestion(title=None, message=None)	打开一个"是/否"的对话框，返回 Yes 或 No
askretrycancel(title=None, message=None)	打开一个"重试/取消"的对话框
askyesno(title=None, message=None)	打开一个"是/否"的对话框，返回 True 或 False
showerror(title=None, message=None)	打开一个错误提示对话框
showinfo(title=None, message=None)	打开一个信息提示对话框
showwarning(title=None, message=None)	打开一个警告提示对话框

案例 6-9：消息对话框

```
import tkinter.messagebox
result=tkinter.messagebox.askokcancel ("提示"," 确定要关闭吗? ")
#返回布尔值参数
print(result)
```

运行结果如图 6-9 所示。

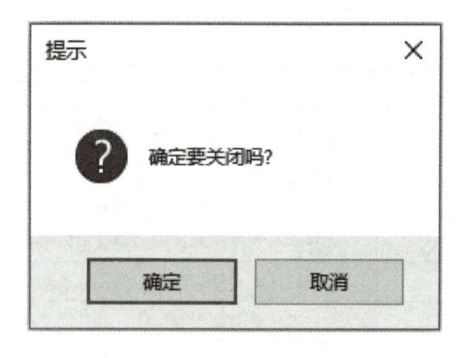

图 6-9　消息对话框运行效果

6.3　EasyGUI 库简介

EasyGUI 是一个 Python 模块，利用这个模块可以很容易地建立简单的图形用户界面。EasyGUI 可以显示各种对话框、文本框、选择框和用户交互界面。

1. 下载 EasyGUI

在官方网站 http://easygui.sourceforge.net/ 下载 EasyGUI 安装包并解压。

2. 安装 EasyGUI

① 在"开始"菜单的"搜索"框中输入 cmd，打开命令提示符窗口。
② 输入"cd Desktop"，将当前工作目录转移到桌面。
③ 输入"cd 解压的文件夹的名称"格式的内容，将当前工作目录转移到文件中。
④ 输入"Python setup.py install"，安装完成。

或者直接使用 pip 进行安装，方便又省力。

```
pip install easygui
```

EasyGUI 是运行在 Tkinter 上并拥有自身的事件循环，IDLE 也是 Tkinter 写的一个应用程序，并且也拥有自身的事件循环。因此当两者同时运行的时候有可能会发生冲突，且带来不可预测的结果。因此建议不要在 IDLE 上运行 EasyGUI。

EasyGUI 自带一个演示程序，通过这个演示程序可以查看 EasyGUI 的使用过程。在命令行输入以下命令：

```
Python easygui.py
```

或者可以从 IDE（如 IDLE、PythonWin、Wing 等）上调用：

```
>>> import easygui
>>> easygui.egdemo()
```

EasyGUI 使用起来很方便，下面详细说明如何使用 EasyGUI 创建一个交互界面。

使用 EasyGUI 模块有 3 种方式。

1）导入 EasyGUI 模块。

| import easygui | #导入模块 |
| easygui.msgbox(...) | #调用方式 |

2）导入所有 EasyGUI 模块。

| from easygui import * | #导入模块 |
| msgbox(...) | #调用方式 |

3）使用 as 导入 EasyGUI 模块。

| import easygui as g | #导入模块 |
| g.msgbox(...) | #调用方式 |

这 3 种方式可搭配不同的调用方式，使用时一定注意不能用错。绝大部分的 EasyGUI 函数都有默认参数，几乎所有的组件都会显示消息主体和对话框标题。标题默认是空字符串，消息主体通常有一个简单的默认值。

下面介绍一些常用的组件，如表 6-16 所示。

表 6-16　EasyGUI 库常用组件

组件	函数	使用	功能
按钮	msgbox()	msgbox(msg='(Your message goes here)', title=' ', ok_button='OK', image=None, root=None)	显示一个消息并提供一个"OK"按钮，可以指定任意的消息和标题，也可以重写"OK"按钮的内容
	ccbox()	ccbox(msg='Shall I continue?', title='', choices=('C[o]ntinue', 'C[a]ncel'), image=None, default_choice='C[o]ntinue', cancel_choice='C[a]ncel')	提供一个选择：C[o]ntinue 或者 C[a]ncel，并相应地返回 True 或者 False。注意：C[o]ntinue 中的[o] 表示快捷键，也就是说，当用户在键盘上敲一下 o 字符，就相当于选择了 C[o]ntinue 选项
	ynbox()	ynbox(msg='Shall I continue?', title='', choices=('[]Yes', '[]No'), image=None, default_choice='[]Yes', cancel_choice='[]No')	跟 ccbox() 一样，只不过这里默认的 choices 参数值不同，[] 表示将键盘上的〈F1〉键作为"Yes"的快捷键使用
	buttonbox()	buttonbox(msg='', title=' ', choices=('Button[1]', 'Button[2]', 'Button[3]'), image=None, images=None, default_choice=None, cancel_choice=None, callback=None, run=True)	显示一组由用户自定义的按钮。当用户单击任意一个按钮的时候，buttonbox() 返回按钮的文本内容。如果用户取消或者关闭窗口，那么会返回默认选项（第一个选项）
	indexbox()	indexbox(msg='Shall I continue?', title='', choices=('Yes', 'No'), image=None, default_choice='Yes', cancel_choice='No')	几乎与 buttonbox() 一样，区别是当用户选择第一个按钮的时候返回序号 0，选择第二个按钮的时候返回序号 1
	boolbox()	boolbox(msg='Shall I continue?', title='', choices=('[Y]es', '[N]o'), image=None, default_choice='Yes', cancel_choice='No')	如果第一个按钮被选中，则返回 True，否则返回 False
提供选项	choicebox()	choicebox(msg='Pick an item', title='', choices=[], preselect=0, callback=None, run=True)	为用户提供了一个可选择的列表，使用序列（元组或列表）作为选项，这些选项会按照字母进行排序
	multchoicebox()	multchoicebox(msg='Pick an item', title='', choices=[], preselect=0, callback=None, run=True)	multchoicebox()函数也可以提供一个可选择的列表。与 choicebox()不同的是，multchoicebox()支持用户选择 0 个、1 个或者同时选择多个选项。multchoicebox()函数使用序列（元组或列表）作为选项，这些选项显示前会按照不区分大小写的方法排好序

（续）

组件	函数	使用	功能
允许用户输入消息	enterbox()	enterbox(msg='Enter something.', title='', default='', strip=True, image=None, root=None)	enterbox()为用户提供一个最简单的输入框，返回值为用户输入的字符串。默认返回的值会自动去除首尾的空格。如果需要保留首尾的空格，则应设置参数strip=False
	integerbox()	integerbox(msg='', title='', default=None, lowerbound=0, upperbound=99, image=None, root=None)	为用户提供一个简单的输入框，用户只能输入范围内（lowerbound 参数设置最小值，upperbound 参数设置最大值）的整型数值，否则会要求重新输入
	multenterbox()	multenterbox(msg='Fill in values for the fields.', title=' ', fields=[], values=[], callback=None, run=True)	multenterbox()可以为用户提供多个简单的输入框。要注意以下几点：如果用户输入的值比选项少，则返回列表中的值用空字符串填充用户未输入的选项。如果用户输入的值比选项多，则返回的列表中的值将截断为选项的数量。如果用户取消操作，则返回域中列表的值或者None 值
允许用户输入密码	passwordbox()	passwordbox(msg='Enter your password.', title=' ', default='', image=None, root=None)	passwordbox()与 enterbox()的样式一样，不同的是用户输入的内容用星号（*）显示出来，该函数返回用户输入的字符串
	multpasswordbox()	multpasswordbox(msg='Fill in values for the fields.', title=' ', fields=(), values=(), callback=None, run=True)	与 multenterbox()使用相同的接口，但当它显示的时候，最后一个输入框显示为密码的形式（*）
显示文本	textbox()	textbox(msg='', title='', text='', codebox=False, callback=None, run=True)	textbox()函数默认会以比例字体（参数codebox=True 用于设置等宽字体）来显示文本内容（自动换行），这个函数适合用于显示一般的书面文字。注意：text 参数设置可编辑文本区域的内容，可以是字符串、列表或者元组类型
	codebox()	codebox(msg='', title=' ', text='')	codebox()以等宽字体显示文本内容（不自动换行），相当于 textbox(codebox =True)

除此之外，还有设置文件与目录、设置记录用户、捕获异常等功能，需要时可查看相关资料学习使用。

6.4 案例——计算器

PyQt 是 Qt 的 Python 版本，Qt 是主流的 GUI 开发框架。Digia 公司将 Qt 移植到了 Python 中，也就是 PyQt。PyQt 5 是基于 Digia 公司强大的图形程式框架 Qt 5 的 Python 接口，由一组 Python 模块构成。PyQt 5 本身拥有超过 620 个类和 6000 种函数及方法。Qt 适用于大型应用，它自带的 Qt Designer 可以轻松构建界面元素，可以运行于多个平台，包括 UNIX、Windows、Mac OS。

安装 PyQt 5 时，可直接使用 pip 安装，但是需要 SIP 的支持，所以需要先安装 SIP，再安装 PyQt 5。

```
pip install sip
pip install PyQt5
```

安装 Qt Designer：命令如下：

pip install PyQt5-tools

安装完成后，在 Python 安装目录下可以看到图 6-10 中标出的文件夹。

图 6-10　标出的文件夹

下面以 PyCharm 为例说明如何在 PyCharm 下配置 PyQt 5。配置 PyCharm，是为了在 PyCharm 里面实现打开 Qt Designer，生成 Qt 文件，方便转换成 Python 文件。

打开 PyCharm 后，进入 Settings（设置）界面，如图 6-11 所示。

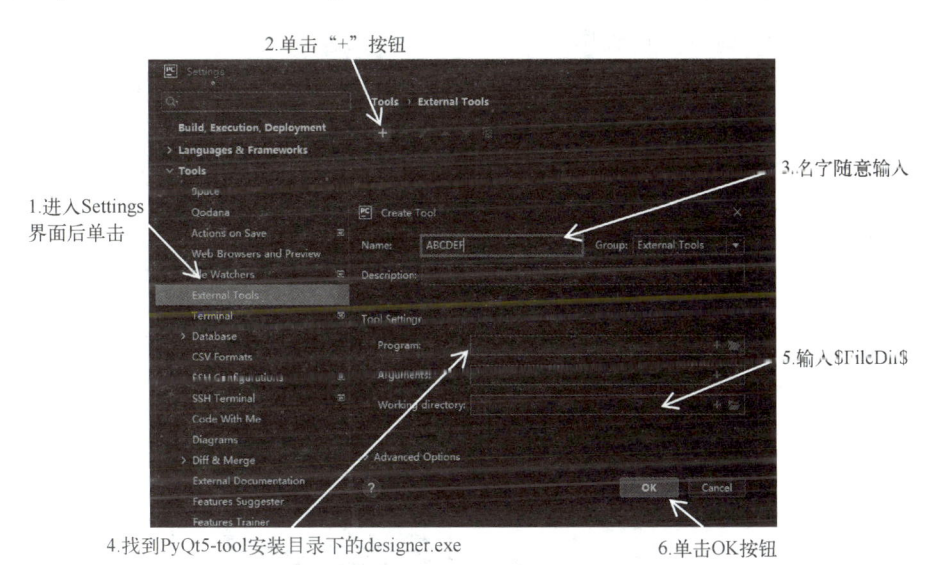

图 6-11　PyCharm 的 Settings 界面

说明：Name 可自己定义，Program 指向 PyQt5-tools 里面的 designer.exe，Working directory 使用变量$FileDir$。

再新建一个"PyUIC"，主要用来将 Qt 界面转换成.py 代码，如图 6-12 所示。

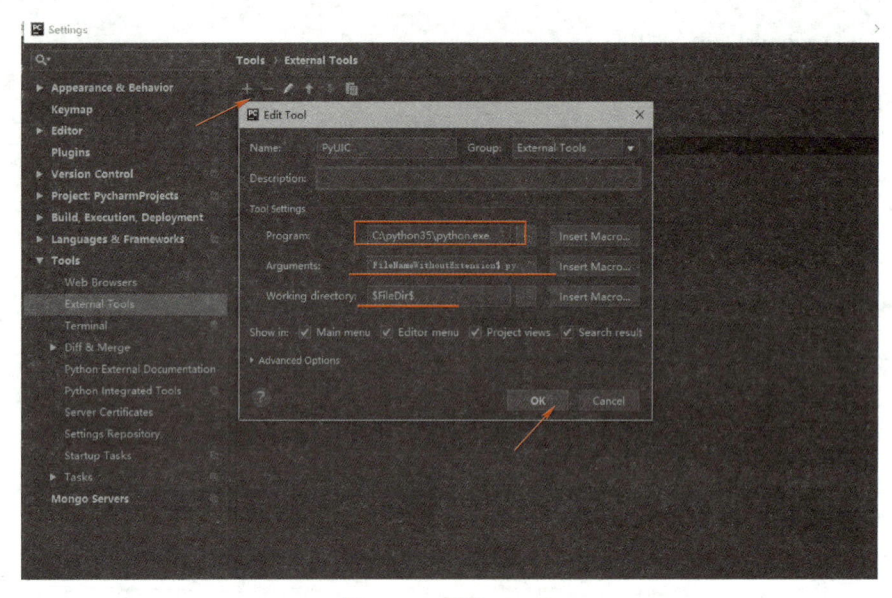

图 6-12　新建 PyUIC

Arguments 的值设置如下：

-m PyQt5.uic.pyuic $FileName$ -o $FileNameWithoutExtension$.py

到此为止，设置已经完毕。

下面简单介绍 Qt Designer 的使用。

在 Qt Designer 中，提供了八大类可视化组件（也称为组件或控件，下同），分别为布局（Layouts）组件、分隔（Spacers）组件、按钮（Buttons）组件、表项视图（Item Views）、表项组件（Item Widgets）、容器（Containers）、输入组件（Input Widgets）、显示组件（Display Widgets）。在 Qt Designer 的应用界面设计时，可以将各种功能的组件拖拽到窗口上，进行应用的可视化界面设计，并且每种组件又可以指定不同的属性。

下面使用 PyQt 设计一个计算器，详细步骤如下：

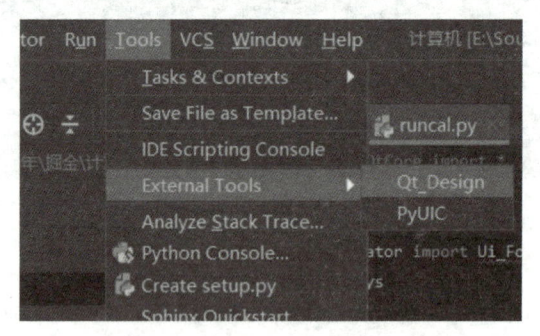

首先，在 PyCharm 中打开 Qt Designer 界面的命令如图 6-13 所示。

图 6-13　打开 Qt Designer 界面的命令

设计的界面用不到菜单栏，所以此处的窗口选择 Widget。创建的没有菜单栏的 Widget

窗口如图 6-14 所示。

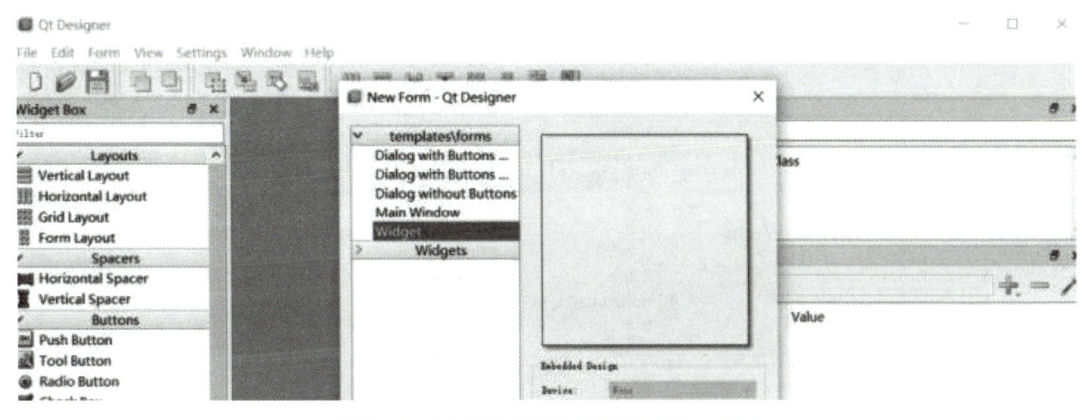

图 6-14　创建的没有菜单栏的 Widget 窗口

接下来在 Qt Designer 中选择文本框和按钮组件，设计好控件大小和效果，完成计算器 UI 界面的布局，计算器 UI 界面如图 6-15 所示。

图 6-15　计算器 UI 界面

各个组件的属性很多，这里就不一一说明了，读者可以打开软件自己观察学习，很多内容与 Tkinter 都是类似的，不清楚的地方可以查询相关资料。除此之外，当界面指针需要对组件、键盘事件、鼠标事件以及平板触控笔的事件做出响应时，需要设置界面响应事件控制属性。属性包括 acceptDrops、contextMenuPolicy、cursor、enabled、focusPolicy、inputMethodHints、mouseTracking、tabletTracking、windowModality、windowTitle。需要用到时可以查询手册进行学习。

下面继续完成计算器项目。为了统一格式，修改各个控件的 objectname，按钮"1"的 objectname 设置如图 6-16 所示。

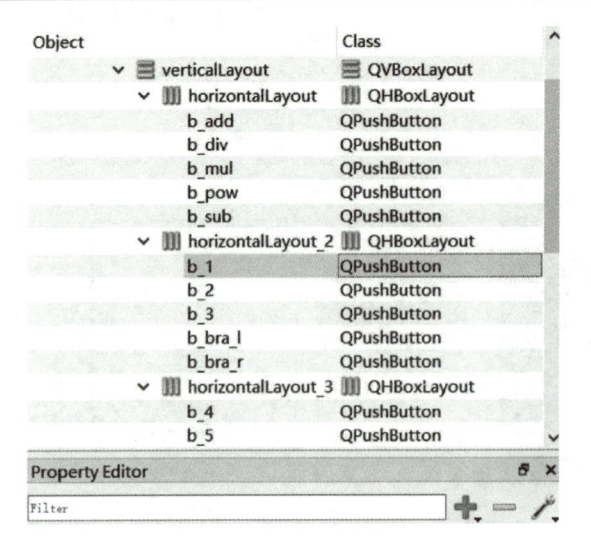

图 6-16 按钮 "1" 的 objectname 设置

在 PyCharm 中将 calculator.ui 文件转换为 calculator.py 文件，如图 6-17 所示。

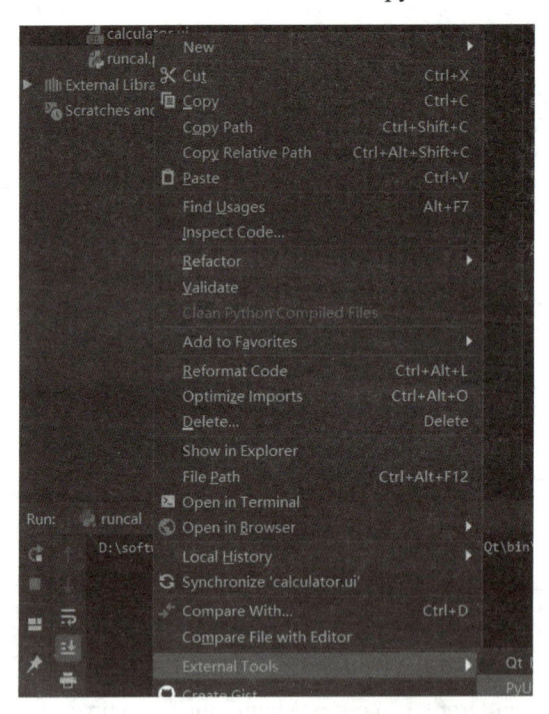

图 6-17 将 calculator.ui 文件转换为 calculator.py 文件

这样做是为了让 calculator.ui 里面的每一个控件都有自己的功能，因此需要创建 runcal.py 文件。设置成功后，让这些窗口中的控件实现信号与槽机制。runcal.py 的代码如下：

```python
from PyQt5.QtCore import *
from PyQt5.QtGui import *
from PyQt5.QtWidgets import *
from calculator import Ui_Form
import os,sys
global e_view
class MyMainWindow(Ui_Form, QWidget):
    #实现界面的信号与槽机制,将界面中的每一个按钮信号与相应的槽函数进行匹配
    def forge_link(self):
        self.b_0.clicked.connect(self.button_event(0))
        self.b_1.clicked.connect(self.button_event(1))
        self.b_2.clicked.connect(self.button_event(2))
        self.b_3.clicked.connect(self.button_event(3))
        self.b_4.clicked.connect(self.button_event(4))
        self.b_5.clicked.connect(self.button_event(5))
        self.b_6.clicked.connect(self.button_event(6))
        self.b_7.clicked.connect(self.button_event(7))
        self.b_8.clicked.connect(self.button_event(8))
        self.b_9.clicked.connect(self.button_event(9))
        self.b_add.clicked.connect(self.button_event('+'))
        self.b_sub.clicked.connect(self.button_event('-'))
        self.b_mul.clicked.connect(self.button_event('*'))
        self.b_div.clicked.connect(self.button_event('/'))
        self.b_pow.clicked.connect(self.button_event('**'))
        self.b_bra_l.clicked.connect(self.button_event('('))
        self.b_bra_r.clicked.connect(self.button_event(')'))
        self.b_mod.clicked.connect(self.button_event('%'))
        self.b_pai.clicked.connect(self.button_event('3.1415926'))
        self.b_pt.clicked.connect(self.button_event('.'))
        self.b_del.clicked.connect(self.delete_event)
        self.b_clc.clicked.connect(self.clear_event)
        self.b_eq.clicked.connect(self.calc_complish)
    def __init__(self, parent=None):
        super(MyMainWindow, self).__init__(parent)      #初始化
        self.setupUi(self)          #对用 Qt Desinger 画好的界面进行初始化
        self.setWindowTitle('计算器')
        self.forge_link()           #连接槽函数
#对按钮单击做出反应
def button_event(self,arg):
```

```python
        # print(dir(self.e_view))
        global e_view
        e_view=self.e_view
        def fun():                    #返回一个自定义的槽函数
            global e_view
            txt = e_view.toPlainText()
            e_view.setText(txt + str(arg))
        return fun
    #计算器计算部分
    def calc_complish(self):
        txt=self.e_view.toPlainText()
        ans=''
        try:
            ans=str(eval(txt))      #eval()函数可自动计算参数 txt 结果
        except BaseException:
            ans='MathError'
        # print(ans)
        self.clear_event()
        self.e_view.setText(ans)
        self.l_hist.addItem(txt+'='+ans)
    #计算器单击清空功能
    def clear_event(self):
        self.e_view.setText('')
    #计算器单击删除功能
    def delete_event(self):
        txt = self.e_view.toPlainText()
        txt=txt[:len(txt)-1]
        self.e_view.setText(txt)
#创建 App
if __name__ == '__main__':
    app=QApplication(sys.argv)
    myWin=MyMainWindow()        #创建一个对象
    myWin.show()
    sys.exit(app.exec())         #退出
```

这个程序最核心的部分就是槽函数体部分。当各个按钮的信号发送过来的时候，系统对信号做出反应。例如，单击了"1"按钮，系统会显示 1 在界面上，单击了"+"按钮，系统会进行相加操作。

程序运行示例如图 6-18 所示。

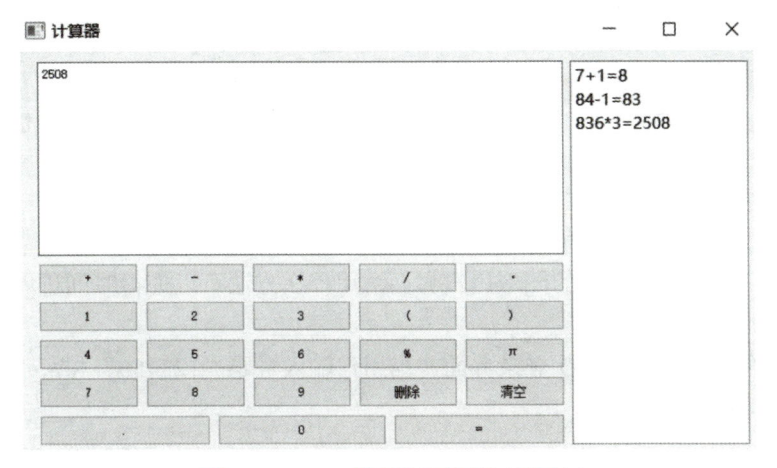

图 6-18　PyQt 设计的计算器运行示例

人机交互（HCI）学科是一个关注人和机器之间交互模式的多学科研究领域，其关注有关人和计算机之间的界面设计与实现的所有问题。系统可以是各种各样的机器，也可以是计算机化的系统和软件。用户界面通常是指人机交互过程中用户可见的部分，用户通过用户界面与系统交流，并进行操作。1995 年，MIT（麻省理工学院）媒体实验室的 Rosalind Picard 教授首次提出了"情感计算（Affective Computing）"的概念，并于 1997 年正式出版了 *Affective Computing* 一书。她把"情感计算"定义为：针对人类的外在表现，能够进行测量和分析，并能对情感施加影响的计算。2022 年 6 月，由中国科学院软件研究所、中国电子技术标准化研究院等机构共同牵头制定的《信息技术-情感计算用户界面-模型》国际标准正式发布，这是全球关于情感交互的首个国际标准。

情感计算标准的重要性体现在以下几个方面：首先，情感计算用户界面系列标准可以提高情感计算的准确性和可靠性。其次，情感计算用户界面系列标准可以促进不同机构和企业之间的合作与交流，推动情感计算技术的发展和应用。最后，情感计算用户界面系列标准可以促进情感计算与其他领域的融合，推动跨领域的创新和发展。情感计算用户界面是一种与用户情感需求和情感特性进行交互的用户界面。其处理过程包括情感特性数据的收集、识别、决策和表示。用户根据基于情感表示系统提供的反馈调整情感，并与系统展开进一步的交互。情感表示提供了情感计算用户界面中对于情感的统一描述。情感计算用户界面的组成部分包括情感数据的采集、识别、决策和表达 4 个部分。情感计算用户界面标准的制定可以促进情感计算技术在人机交互领域的应用和发展，通过对用户情感和需求的精准感知与分析，可以让计算机更好地理解和感知用户的情感与需求，从而提供更加个性化、智能化的服务和反馈，让智能的计算机变得更加智能。

6.5　习题

一、填空题

1. Tkinter 模块中的子模块_____用于实现通用消息对话框的功能。

2. _____用于显示对象列表，并且允许用户选择一项或多项。

3. 通过组件的_____选项可以设置其显示文本的字体。

4. _____是 Python 的标准 GUI 库，支持跨平台的图形用户界面应用程序的开发。

5. _____组件主要用于显示文本信息，同时也可以显示图像。

二、思考题

1. Python 中导入 Tkinter 模块有哪几种方法？

2. 基于 Tkinter 模块创建的图形用户界面，用什么方法可以使得时间进入循环？写出相关代码。

3. 设计一个窗体，模拟 QQ 登录界面，当用户输入号码"123456"和密码"654321"时提示正确，否则提示错误。

第 7 章　面向对象程序设计

本章导读

面向对象程序设计方法的思想是模拟了客观世界的事物以及事物之间的联系，以具有共同特点的类作为基本单位，4 个基本特点是"抽象""封装""继承""多态"，能够直观地表达对象的状态变化和对象间的交互，从而更加准确地分析功能的实现过程，提高编程效率，降低维护难度。

本章主要介绍面向对象程序设计思想在 Python 中的运用和实现，最后以一个综合性案例加深对类和对象的理解及掌握。

学习目标

1. 理解面向对象程序设计的基本思想
2. 掌握类的定义和实例化
3. 掌握类的继承和多态的实现方法
4. 理解弹球游戏的设计思路和实现过程

7.1　面向对象程序设计概述

面向对象程序设计（Object Oriented Programming，OOP）主要针对大型软件设计而提出，可以使软件设计更加灵活，能够很好地支持代码复用和设计复用，并且使得代码具有更好的可读性和可扩展性。

面向对象程序设计的一条基本原则是计算机程序由多个能够起到子程序作用的单元或对象组合而成，这大大地降低了软件开发的难度，使得编程就像搭积木一样简单。

面向对象程序设计的一个关键是将数据及对数据的操作封装在一起，组成一个相互依存、不可分割、保护内部数据不被意外改变的整体，进行分类、抽象后，得出共同的特征而形成了类。类是程序设计的基本元素。面向对象程序设计的另一个关键就是如何合理地定义和组织这些类以及类之间的关系。类和类的实例（即对象）是面向对象程序设计的核心概念，

也是与面向过程编程的根本区别。

面向对象程序设计具有三大基本特征：封装、继承、多态。Python 完全采用了面向对象程序设计的思想，是真正面向对象的高级动态编程语言，完全支持封装、继承、多态。封装是面向对象编程的核心思想，将对象的属性和行为封装起来就是类，类通常对客户隐藏其实现细节。在 Python 中，继承是实现复用的重要手段，子类在通过继承复用了父类的属性和行为的同时，又添加子类特有的属性和行为。多态是指在接收到同一个完全相同的消息时，表现出来的动作是各不相同的。

7.2 类的定义

Python 使用 class 关键字来定义类。class 关键字之后是一个空格，然后是类的名字，之后是一个冒号，最后换行并定义类的内部实现。

> **应用提醒**：类是用户自定义的数据结构，用于创建对象的模板。使用类，用户可以根据需要创建任意数量的对象。

类名的首字母一般要大写，也可以按照自己的习惯定义类名，但一般推荐参考惯例来命名，并在整个系统的设计和实现中保持风格一致，这一点对于团队合作尤其重要。类定义的语法格式如下：

```
class 类名:
    类成员
    类方法
```

如果在定义类时没有想好类的具体功能，则可以在类体中直接使用 pass 语句代替。定义了类之后，可以用来实例化对象，并通过"对象名.成员"的方式来访问其中的数据成员或成员方法。

下面通过案例让读者了解类的定义和实例化。这里创建一个小狗类，名称是 Dog，类成员是狗的名字 name，类方法是坐 sit() 和打滚 roll_over()，相关代码如案例 7-1 所示。

案例 7-1：定义和实例化小狗类（完整代码见网盘 7-1 文件夹）

```
In [1]: class Dog():
            name="二哈"#类成员
            def sit(self):#类方法
                print(self.name + "现在正在坐着")
            def roll_over(self): #类方法
                print(self.name + "在打滚")
In [2]: my_dog = Dog()#类实例化
In [3]: my_dog.sit()
In [4]: my_dog.roll_over()
```

程序运行结果：

二哈现在正在坐着
二哈在打滚

运行结果分析：

由案例 7-1 所示，首先定义了 Dog 类，该类有一个成员变量 name，赋值为"二哈"。定义了两个类方法，分别是 sit()和 roll_over()，并输出狗的名字和坐或者打滚的状态。接着 my_dog = Dog()实例化了一个 my_dog 对象，最后该对象调用成员方法输出程序运行结果。

类的成员方法中必须至少有一个名为 self 的参数，并且必须是方法的第一个形参（如果有多个形参的话）。self 参数代表将来要创建的对象本身，但在外部通过对象名调用对象方法时并不需要传递这个参数。如果在外部通过类名调用对象方法，则需要显式地为 self 参数传值。

7.3 类的属性和方法

在所有的类定义中，默认有一个名为__init__()的构造函数，一般用来为数据成员设置初值或进行其他必要的初始化工作，在创建对象时被自动调用和执行。如果用户没有设计构造函数，那么 Python 将提供一个默认的构造函数来进行必要的初始化工作。该函数将定义属于实例对象的数据成员或者在创建对象时需要执行的其他操作，实例化后只能通过对象名访问。属于类的数据成员是在类中的所有方法之外定义的，比如案例 7-1 中的 name 成员变量，实例化后可以用类名或者对象名访问。

下面通过案例让读者了解__init__()构造函数的使用方法，相关代码如案例 7-2 所示。

案例 7-2：定义和实例化小狗类（完整代码见网盘 7-2 文件夹）

```
In [1]: class Dog():
            name="二哈"
            def __init__(self, age, sex):
                    self.age = age
                    self.sex = sex
            def sit(self):
                    print(self.name + "现在正在坐着")
            def roll_over(self):
                    print(self.name + "在打滚")
            def doginfo(self):
                    print("我家有一条"+str(self.age)+"岁大的小狗，名字叫"+self.name)
In [2]: my_dog = Dog(3,"boy")#类实例化
In [3]: my_dog.doginfo()
Out [4]: print(Dog.name)#使用类名访问类成员变量
```

```
Out [5]: print(my_dog.age)#使用对象名访问对象成员变量
Out [6]: print(my_dog.__sex)#这句会出错，因为 sex 是公有的，__sex 是私有的，而且没有定义
```

程序运行结果：

```
我家有一条 3 岁大的小狗，名字叫二哈
二哈
3
Traceback (most recent call last):
    File "C:/Users/di/Desktop/7-2 类的方法.py", line 21, in <module>
        print(my_dog.__sex)#这句会出错，因为 sex 是公有的
AttributeError: 'Dog' object has no attribute '__sex'
```

运行结果分析：

由案例 7-2 所示，__init__()构造函数的第一个参数是 self，被绑定到构造方法初始化的对象，然后两个参数 age 和 sex 分别赋值给对象内的成员变量 self.age 和 self.sex。案例 7-2 还定义了成员方法 doginfo()来输出小狗的年龄和姓名。最后调用类的构造方法 Dog(3,"boy")来创建对象和调用实例方法 doginfo()输出结果。

> **应用提醒**：定义在类里面的方法外面的类成员是类成员变量，如案例 7-2 中的 name。定义在类方法内部的成员属性（如 self.属性）称为对象成员变量，如案例 7-2 中的 age 和 sex。

关于类的成员变量，访问保护机制一般分为公有属性和私有属性。默认情况下，所有的属性都是公有的。在定义类的成员时，如果成员名以两个下画线"__"开头，则表示是私有成员，没有下画线便是公有成员。私有成员在类的外部不能直接访问，需要通过调用对象的公有成员方法来访问，也可以通过 Python 支持的特殊方式来访问。公有成员既可以在类的内部进行访问，也可以在外部程序中使用。所以，通过语句 print(Dog.name)，可以使用类名访问类成员变量，因为 name 是类成员变量，所以输出结果为"二哈"。通过语句 print(my_dog.age)访问 my_dog 对象下的 age 成员变量，输出结果为 3。访问 my_dog.__sex 则会报错，因为 sex 是公有的，不是私有属性，不需要加两个下画线。

在类中定义的方法可以粗略地分为四大类：公有方法、私有方法、静态方法和类方法。公有方法、私有方法都属于对象，私有方法的名字以两个下画线"__"开始，每个对象都有自己的公有方法和私有方法，在这两类方法中可以访问属于类和对象的成员。公有方法通过对象名直接调用，比如案例 7-2 中的 my_dog.doginfo()。私有方法不能通过对象名直接调用，只能在属于对象的方法中通过 self 调用或在外部通过 Python 支持的特殊方式来调用。静态方法和类方法则可以通过类名和对象名调用，但不能直接访问属于对象的成员，只能访问属于类的成员。

> **应用提醒**：请仿照案例 7-2，实现一个教师类和大学生类。

Python 类有大量的特殊方法，其中比较常见的是构造函数和析构函数，构造函数是 __init__()，在案例 7-2 中已介绍。Python 中类的析构函数是 __del__()，一般用来释放对象占用的资源，在 Python 删除对象和收回对象空间时被自动调用和执行。如果用户没有编写析构函数，Python 将提供一个默认的析构函数来进行必要的清理工作。常用的特殊方法如表 7-1 所示。

表 7-1 常用的特殊方法

编号	方法	功能
1	__new__()	类的静态方法，用于确定是否要创建对象
2	__init__()	构造方法，创建对象时自动调用
3	__del__()	析构方法，释放对象时自动调用
4	__getattribute__()	获取对象指定属性的值，如果同时定义了该方法与__getattr__()，那么__getattr__()将不会被调用
5	__dict__	对象所包含的属性与值的字典
6	__get__()、__set__()	描述符对象一般作为其他类的属性来使用，分别在获取属性、修改属性值时被调用

7.4 继承和多态

继承是为代码复用和设计复用而设计的，是面向对象程序设计的重要特性之一。设计一个新类时，如果可以继承一个已有的、设计好的类，然后进行二次开发，那么无疑会大幅度地减少开发工作量。

在继承关系中，已有的、设计好的类称为父类或基类，新设计的类称为子类或派生类。派生类可以继承父类的公有成员，但是不能继承其私有成员。如果需要在派生类中调用基类的方法，则可以使用内置函数 super()或者通过"基类名.方法名()"的方式来实现这一目的。

所谓多态（Polymorphism），是指基类的同一个方法在不同派生类对象中具有不同的表现和行为。派生类继承了基类行为和属性后，还会增加某些特定的行为和属性，同时还可能会对继承来的某些行为进行一定的改变，这都是多态的表现形式。例如，Python 的大多数运算符可以作用于多种不同类型的操作数，并且对于不同类型的操作数往往会有不同的表现，这就是多态。

下面通过案例让读者了解 Python 中继承机制和多态机制的使用方法。该案例定义一个动物类，它具有初始化、吃、喝、拉、尿的方法，调用方法时，输出其对应行为。比如调用 eat()方法，输出某某在吃。然后定义一个猫类和狗类，它们继承动物方法，在初始化方法里初始化猫的名字等属性，并新增各种特定的方法和多态 cry()方法。具体代码如案例 7-3 所示。

案例 7-3：类的继承（完整代码见网盘 7-3 文件夹）

```
In [1]: class Animal:
            def __init__(self, name, sex, age):
                self.name = name
                self.sex = sex
                self.age = age
            def eat(self):
                print("%s eat " %self.name)
            def drink(self):
                print("%s drink " %self.name)
            def shit(self):
                print("%s out " %self.name)
            def pee(self):
                print("%s pee " %self.name)
            def cry(self):
                pass
In [2]: class Cat(Animal):
            def __init__(self, name, sex, age,chara):
                super(Cat, self).__init__(name, sex, age)
                self.chara = chara
            def cry(self):
                print('%s 喵喵叫 '%self.name)
In [3]: class Dog(Animal):
            def __init__(self, name, sex, age, pinzhong):
                super(Dog, self).__init__(name, sex, age)
                self.pinzhong = pinzhong
            def tail(self):
                print("%s 摇尾巴！"%self.name)
            def cry(self):
                print("%s 汪汪叫 "%self.name)
In [4]: c1 = Cat('加菲猫',"公",10,"活泼")
In [5]: c1.eat()
In [6]: c1.cry()
In [7]: c2 = Dog('小黑',"公",3,"金毛")
In [8]: c2.tail()
In [9]: c2.cry()
```

程序运行结果：

加菲猫 eat
加菲猫 喵喵叫
小黑 摇尾巴！
小黑 汪汪叫

运行结果分析：

该案例首先定义了父类 Animal，在该类内部定义了初始化函数 __init__()，用来给 name、sex 和 age 赋值。还定义了 eat()、drink()、pee()、shit()和 cry()方法，用来输出对应的动作。然后 Cat 类继承了父类 Animal，在初始化中增加了新的 chara 属性，还覆盖了基类方法 cry()，输出猫的叫声。接着 Dog 类继承了父类 Animal，在初始化中增加了新的 pinzhong 属性、新的方法 tail()，还覆盖了基类方法 cry()，输出狗的叫声。最后实例化猫类和狗类，并调用 eat()方法和 cry()方法。由案例可以看出，对于面向对象的继承来说，其实就是将多个类共有的方法提取到父类中，子类仅需继承父类而不必一一实现每个方法。

7.5 案例——弹球游戏

本节利用面向对象程序设计的思想开发一款休闲弹球游戏。该游戏主要由以下功能组成：游戏界面设计（界面标题命名、界面大小控制）；小球类（小球类构造函数、小球随机运动、小球反弹控制、小球速度控制、小球个数控制、小球和球拍碰撞检测）；球拍类（球拍类构造函数、键盘事件、球拍速度控制）等。

第 1 步：本案例导入 Tkinter 库，设计好界面。实现过程如案例 7-4a 所示。

案例 7-4a：界面生成（完整代码见网盘 7-4 文件夹）

```
In [1]: from tkinter import *
In [2]: import time
In [3]: import random
In [4]: tk=Tk()
In [5]: tk.title("BallGame")
In [6]: tk.resizable(0,0)#大小不可变
In [7]: canvas=Canvas(tk, width=500, height=400, bd=0, highlightthickness=0)
In [8]: canvas.pack()
In [9]: label0=Label(tk,text='score:0')#计分板
In [10]: label0.pack()
In [11]: tk.update()#刷新屏幕
```

程序运行结果如图 7-1 所示。

运行结果分析：

由案例 7-4a 所示，首先导入 tkinter 库用于设计界面，time 库用于界面刷新时间设置，random 库用于小球速度随机设置。然后实例化 tk 对象，设置 title 界面标题为"BallGame"。接着实例化 canvas 对象，设置好画布的宽度和高度，并通过 pack()展开画布。之后实例化 Label 对象，在屏幕下方设置好计分板的得数，然后通过 pack()展开标签对象。最后通过 update()刷新界面。

图 7-1 弹球游戏界面设计的程序运行结果

第 2 步：设计球拍类，分别包括构造函数、左移函数、右移函数和画图函数，实现过程如案例 7-4b 所示。

案例 7-4b：球拍类设计（完整代码见网盘 7-4 文件夹）

```
In [1]: class Paddle:
    def __init__(self,canvas,color,x,y):
        self.canvas = canvas
        self.id=canvas.create_rectangle(0,0,100,10,fill=color)
        self.canvas.move(self.id,x,y)
        self.x=0
        self.canvas_width=self.canvas.winfo_width()
        #绑定键盘左键到 self.turn_left 参数上
        self.canvas.bind_all('<KeyPress-Left>',self.turn_left)
        self.canvas.bind_all('<KeyPress-Right>', self.turn_right)
    def turn_left(self,evt):
        self.x=-3
    def turn_right(self,evt):
        self.x= 3
    def draw(self):
        self.canvas.move(self.id,self.x,0)
        pos=self.canvas.coords(self.id)
        if pos[0]<=0:
            self.x = 0
        elif pos[2]>=self.canvas_width:
            self.x=0
```

程序运行结果如图 7-2 所示。

第7章 面向对象程序设计

图 7-2 弹球游戏球拍类设计的程序运行结果

运行结果分析：

由案例 7-4b 所示，在构造函数 __init__()中输入画布参数 canvas、颜色参数 color、出现的位置 x 和 y。初始化过程中，通过 canvas.create_rectangle()函数生成 color 颜色、长度为 100、高度为 10 的矩形球拍，再通过 move()从当前位置移动到 x 和 y 的位置上，接着通过 bind_all()函数绑定键盘中的箭头左键和右键。在左移函数 turn_left()中，设置 self.x 减去 3，即每调动一次左移函数，球拍就向左移动 3 单位。右移函数 turn_right()同理，每调动一次右移函数，球拍就向右移动 3 单位。绘图函数 draw()通过 canvas.coords()获取球拍的当前位置 pos，其中，pos[0]代表球拍左上角的 x 值，pos[2]代表球拍右下角的 x 值。当 pos[0]<=0 时，判断球拍左上角是否越过屏幕的左侧边界，如超过则设置 x 值为 0，即让球拍不再向左移动。pos[2]>=self.canvas_width 表示让球拍不再向右移动。

第 3 步：设计小球类，分别包括构造函数、左移函数、右移函数、上移函数、下移函数、碰撞检测函数和画图函数。

实现过程如案例 7-4c 所示。

案例 7-4c：小球类设计（完整代码见网盘 7-4 文件夹）

```python
class Ball:
    def __init__(self,canvas,paddle,color):
        self.canvas=canvas
        self.paddle = paddle
        self.id=canvas.create_oval(10,10,25,25,fill=color)
        self.canvas.move(self.id,random.randint(0,500),random.randint(0,500))
        self.x = random.randint(0, 20)
        self.y = -random.randint(0, 20)
        self.canvas_height=self.canvas.winfo_height()
        self.canvas_width = self.canvas.winfo_width()
        self.hit_bottom=False
    def draw(self):
        self.canvas.move(self.id,self.x,self.y)
```

121

```python
        pos=self.canvas.coords(self.id)        #获取小球的位置
        # 屏幕左上角的位置为pos[0], pos[1]; 屏幕右上角的位置为pos[2], pos[3]
        if pos[1]<=0:
            self.y=3#当小球到达屏幕上方时,小球下移
        if pos[0] <= 0:    #当小球到达屏幕左方时,小球右移
            self.x = 3
        if pos[2]>=self.canvas_width:
            self.x=-3
        if pos[3]>=self.canvas_height:
            self.hit_bottom = True
            label0["text"] = label0["text"] + ",game over"
        if self.hit_paddle(pos)==True:
            self.y=-3
    def drawup(self):
        self.canvas.move(self.id, 0, -1) #0 为x轴的偏移量,-1 为y轴的偏移量,即小球向上移1
    def drawright(self):
        self.canvas.move(self.id, 1, 0)
    def drawdown(self):
        self.canvas.move(self.id, 0, 1)
    def drawleft(self):
        self.canvas.move(self.id, -1, 0)
    def drawangle(self):
        self.canvas.move(self.id, 1, 1)
    def hit_paddle(self,pos):
        paddle_pos = self.canvas.coords(self.paddle.id)
        if pos[2]>=paddle_pos[0] and pos[0]<=paddle_pos[2]:
            if pos[3]>=paddle_pos[1] and pos[3]<=paddle_pos[3]:
                return True
        return False
```

程序运行结果如图 7-3 所示。

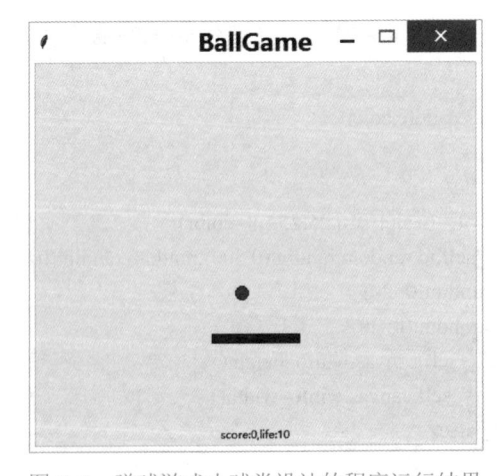

图 7-3　弹球游戏小球类设计的程序运行结果

运行结果分析：

由案例 7-4c 所示，在构造函数 __init__()中输入画布参数 canvas、球拍参数 paddle、颜色参数 color。首先通过 canvas.create_oval(10,10,25,25,fill=color)创建一个左上角位置为(10,10)、右下角位置为(25,25)、直径为 15 的圆球，再把圆球从当前位置通过 move()移动到 x 轴位置为 random.randint(0,500)、y 轴位置为 random.randint(0,500)的地方。在绘图函数 draw()中，移动圆球到 self.x、self.y 位置处，再利用 canvas.coords(self.id)获取小球的当前位置 pos，然后利用 if 语句判定当前位置 pos 是否越界。上移函数 drawup(self)可设置 move()函数的 x 轴偏移量为 0，y 轴偏移量为-1，即小球 x 值不变，y 值不断缩小，小球就会不断上升。hit_paddle()函数用两个 if 语句判断小球是否与球拍碰撞。其中，if pos[2]>=paddle_pos[0] and pos[0] <= paddle_pos[2]语句从垂直方向上判断小球是否碰撞球拍，语句 if pos[3]>=paddle_pos[1] and pos[3]<=paddle_pos[3]语句则从水平方向上判断小球是否在球拍的范围之内。

第 4 步：设计分数类和生命类，以增加游戏的趣味性。

实现过程如案例 7-4d 所示。

案例 7-4d：分数类和生命类设计（完整代码见网盘 7-4 文件夹）

```
In [1]: class Score:
            def __init__(self):
                self.x=0
            def addscore(self):
                self.x+=10
            def getscore(self):
                return self.x
In [2]: class Life:
            def __init__(self):
                self.x=10
            def dellife(self):
                if self.x>=0:
                    self.x -=1
            def getlife(self):
                return self.x
In [3]: paddle=Paddle(canvas,'blue',200,300)
In [4]: ball=Ball(canvas,paddle,'red')
In [5]: score=Score()
In [6]: life=Life()
In [7]: while 1:
            if ball.hit_bottom==False:
                ball.draw()
                paddle.draw()
                label0["text"]="score:"+str(score.x)+",life:"+str(life.getlife())
            else:
                if life.getlife()>0:
                    life.dellife()
```

```
            del ball
            ball=Ball(canvas,paddle,'red')
            label0["text"]=label0["text"]+",life:"+str(life.getlife())
        else:
            label0["text"] = "score:" + str(score.x)+ ",life:"+ str(life.getlife()) +" ,game over"
    tk.update_idletasks()
    tk.update()
    time.sleep(0.01)
```

程序运行结果如图 7-4 所示。

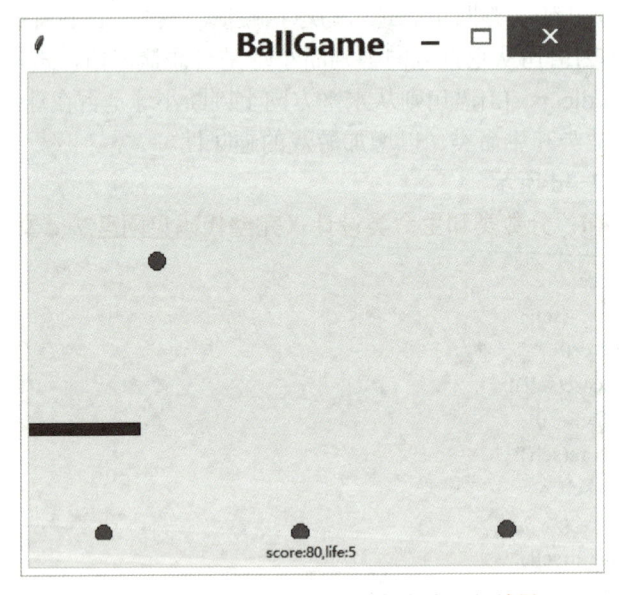

图 7-4 分数类和生命类设计的程序运行结果

运行结果分析：

由案例 7-4d 所示，Score 类的初始化方法 __init__() 设置分数 x 值为 0，每次调用 addscore()方法均增加 10 分，getscore()方法返回分数 x。Life 类的初始化方法 __init__()设置生命条数为 10，每次调用 dellife()方法均减去一条命（如果生命条数大于 1 的话），getlife() 方法返回生命条数。

最后实例化小球类、球拍类、分数类和生命类，不断循环，在循环体内部判断小球是否触底，如果没有触底，即 if ball.hit_bottom==False，则绘制小球，将球拍和界面下部的标签修改为分数和生命数目。如果触底，则再判定还有几条命，以决定是否删除小球、生成新球还是直接输出最终的分数，并显示"game over"结束游戏。

7.6 习题

1. 定义一个教师类、学生类。之后给这两个类动态增加成员变量，比如教师的技能、学生的荣誉证书。实例化教师类和学生类。

  2．定义大学教师类、高级中学教师类，继承第 1 题中的教师类，重写父类的方法。

  3．定义高中生类、大学生类、研究生类，继承学生类，重写父类的方法。

  4．实例化你的大学老师、高中老师、高中同学和大学同学，输出其详细信息。

  5．创建助教类，比如研究生可以给老师当助教、给本科生批改作业、上实验课等。

第 8 章 文件处理

本章导读

文件是计算机长期保存数据所需要的存储形式。常见的文件格式有文本、图形、图像、音频、视频、可执行文件等。

本章主要介绍 Python 提供的 CSV 库。该库具有处理文件功能。读者应理解该库对文本文件、Excel 文件和 CSV 文件的处理方法。本章最后以一个综合性案例来加深读者对文件处理的掌握。

学习目标

1. 掌握文本文件的读写操作
2. 掌握 Excel 文件的读写操作
3. 掌握 CSV 文件的读写操作
4. 理解文件编码的含义

8.1 文件处理概述

为了长期保存数据以便重复使用、修改和共享，必须将数据以文件的形式存储到外部存储介质（如磁盘、U 盘、光盘、网盘等）中。常见的文件格式，如文本、图形、图像、音频、视频、可执行文件等，也都是以文件的形式存储在磁盘上的。

处理的文件有两种数据组织形式：文本文件和二进制文件。

文本文件存储常规字符串，由若干文本行组成，通常每行以换行符"\n"结尾。常规字符串是指记事本或其他文本编辑器能正常显示、编辑且人类能够直接阅读和理解的字符串，如英文字母、汉字、数字字符串。文本文件可以使用字处理软件（如记事本等）进行编辑。

二进制文件以字节串进行存储，无法用记事本或其他普通字处理软件直接进行编辑，也无法被人类直接阅读和理解，需要使用专门的软件进行解码后读取、显示、修改或执行。常

见的图形图像文件、音视频文件、可执行文件、资源文件、各种数据库文件、各类 Office 文档等，都属于二进制文件。

> **应用提醒**：文件操作是大家日常最经常解决的任务之一。使用 Python，可以用短短几行代码快速解析、整理上万份数据文件。

8.2 文本文件处理方法

文本文件内容的操作分为 3 步，分别是打开、读写和关闭。

Python 提供了内置函数 open() 来用于文本文件的打开操作。open() 函数的语法结构如下：

open(filename, mode, buffering, encoding, errors, newline, closefd, opener)

open() 函数的常用参数及功能如表 8-1 所示。

表 8-1　open() 函数的常用参数及功能

编号	参数	功能
1	filename	文件名，指定了被打开的文件名称，如"沁园春雪.txt"
2	mode	打开模式，指定了打开文件后的处理方式。例如，"r"表示以只读模式打开文件；"w"表示以写模式打开文件；"a"是追加模式，不覆盖文件中的原有内容；"r+"表示打开一个文件进行读写操作，文件指针放在开头
3	buffering	缓冲区，指定了读写文件的缓存模式。0 表示不缓存，1 表示缓存，大于 1 则表示缓冲区的大小。默认是缓存模式
4	encoding	指定对文本进行编码和解码的方式，只适用于文本模式，可以使用 Python 支持的任何格式，如 GBK、UTF-8、CP936 等
5	closefd	判断文件是否关闭，若文件已关闭，则返回 True

如果没有出现指定文件不存在、访问权限不够、磁盘空间不够或其他原因而导致创建文件对象失败的问题，那么 open() 函数将返回一个可迭代的文件对象，该对象可以对文件进行各种操作。

当对文件内容操作完以后，一定要关闭文件对象，这样才能保证所做的任何修改都确实被保存到文件中。关闭文件的函数是 close()。

为了避免出现忘记写关闭文件代码的问题，推荐使用 with 语句来进行文件打开和自动关闭，用法如下：

with open(filename, mode, encoding) as fp:

上面的语句表示通过文件对象 fp 读写文件的内容。

打开文件后，可以通过文件对象提供的方法进行文件的读写等操作。文件对象的常用方法如表 8-2 所示。

表 8-2 文件对象的常用方法

编号	方法	功能
1	read([size])	从文本文件中读取 size 个字符的内容作为结果返回，或从二进制文件中读取指定数量的字节并返回。如果省略 size，则表示读取所有内容
2	readline()	从文本文件中读取一行内容作为结果返回
3	readlines()	把文本文件中的每行文本都作为一个字符串存入列表中，返回该列表，但对于大文件会占用较多内存
4	seek(offset[, whence])	把文件指针移动到新的位置，offset 表示相对于 whence 的位置。whence 为 0 表示从文件头开始计算，为 1 表示从当前位置开始计算，为 2 表示从文件尾开始计算，默认为 0
5	write(s)	把字符串 s 的内容写入文件
6	writelines(s)	把字符串列表写入文本文件，不添加换行符

下面通过案例让读者了解 Python 对文本文件的读写处理过程。《卜算子·咏梅》是一首有名的词，此词塑造了梅花俊美而坚韧不拔的形象，鼓励人们要有威武不屈的精神和革命到底的乐观主义精神。下载一个"咏梅.txt"文本文件，里面有该词的内容，本案例读取并显示该词内容。接着把词牌名和作者名也写入文件第一行和第二行，并保存结果。相关代码如案例 8-1 所示。

案例 8-1：文本文件的操作（完整代码见网盘 8-1 文件夹）

```
In [1]: with open("咏梅.txt","r") as fp:
Out[1]:       print(fp.read())
In [2]: s = '卜算子·咏梅\n 毛泽东\n '
In [3]: with open("咏梅.txt", "r+") as fp:
In [4]:       old=fp.read()
In [5]:       fp.seek(0,0)
In [6]:       fp.write(s)
In [7]:       fp.write(old)
```

程序运行结果：

风雨送春归，飞雪迎春到。
已是悬崖百丈冰，犹有花枝俏。
俏也不争春，只把春来报。
待到山花烂漫时，她在丛中笑。

运行结果分析：

由案例 8-1 所示，首先以只读方式"r"打开"咏梅.txt"文件，通过 fp.read()读取文件内容并输出到屏幕上。接着以追加只读方式"r+"打开"咏梅.txt"文件，利用文件指针 seek(0,0)定位到文件头部，写入词牌名和作者名，再把旧内容写入。输出结果如图 8-1 所示。

图 8-1　咏梅.txt 文本内容输出结果

8.3　Excel 文件处理方法

　　Excel 是一款常见的电子表格处理软件，可以完成许多复杂的数据运算、数据分析和制作图表的功能。Excel 保存和处理的文档文件扩展名为.xls，又称为工作簿。每一个工作簿都可以包含多张工作表。默认情况下，新建.xls 文档中包含 3 张工作表，默认工作表名为"Sheet1""Sheet2"和"Sheet3"。每一个工作表又包括行和列单元格。本节以 Excel 表格为处理对象。Python 提供了 xlrd 第三方库用于 Excel 文件的读操作，xlwt 第三方库用于 Excel 文件的写操作。

　　xlrd 和 xlwt 第三方库使用的基本流程是打开工作簿、选择工作表、操作单元格。其常用的方法如表 8-3 和表 8-4 所示。

表 8-3　xlrd 库常用方法

编号	方法	功能
1	xlrd.open_workbook(filename)	打开 Excel 工作簿
2	table=data.sheets()[i]	获取第 i 个工作表
3	table=data.sheet_by_name('工作表名字')	通过表名称选择工作表
4	table.row_values(number)	获取工作表 table 的第 number 行值
5	table.column_values(number)	获取工作表 table 的第 number 列值
6	cell_A1=table.cell(0,0).value	获取工作表 table 的第 0 行 0 列的值

表 8-4　xlwt 库常用方法

编号	方法	功能
1	data=xlwt.Workbook()	新建 Excel 工作簿
2	table=data.add_sheet('name')	新建名称为 name 的工作表
3	table.write(0,0,str)	在第 0 行 0 列的单元格内写入 str
4	data.save(filename)	操作完成后，保存工作簿
5	style = xlwt.XFStyle()	设置工作簿的样式

129

下面通过案例让读者了解 Python 对 Excel 文件的读写处理过程。在上 Python 编程课的过程中，可以让学生们每天在钉钉上打卡，记录自己每天编程的进展或者心得体会。期末时结束钉钉每日打卡，下载和统计每个学生的打卡记录，作为平时成绩的一部分。

应用提醒： 该案例是作者日常教学生活中一个应用，这里抛砖引玉，也可以用 Python 解决日常学习和工作中遇到的各种文件处理问题。

下载的钉钉打卡 Excel 文件内容如图 8-2 所示。表格中，每一行都是一个学生在一个学期内的所有打卡记录，每一列都是每天学生的编程时间长度（单位是 h），对应的单元格即某学生某天的编程时长。例如，第一行学生曹成龙的第 B 列数据是 1，表示学生曹成龙的第一天编程时长是 1h。如果某单元格数据是“/”，则表示当天该学生没有打卡。

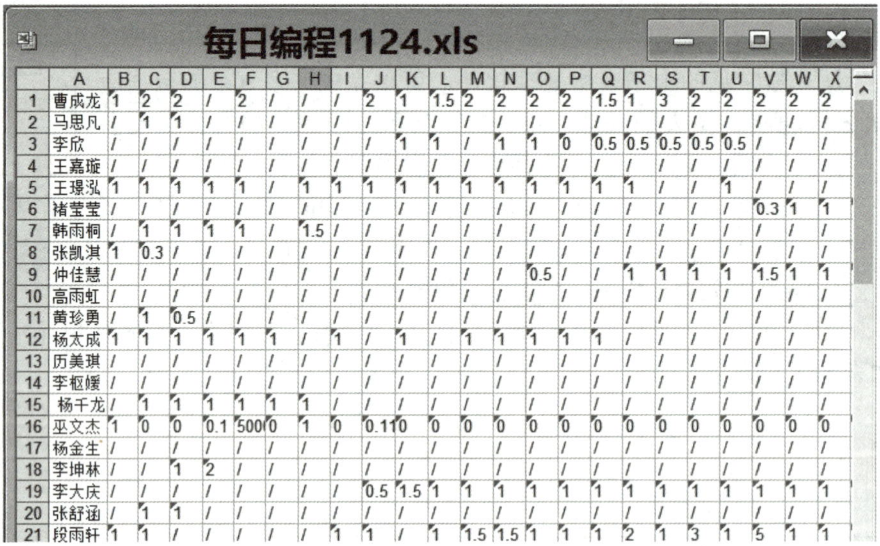
每日编程1124.xls

	A	B	C	D	E	F	G	H	I	J	K	L	M	N	O	P	Q	R	S	T	U	V	W	X
1	曹成龙	1	2	2	/	2	/	/	/	2	1	1.5	2	2	2	2	1.5	1	3	2	2	2	2	2
2	马思凡	/	1	1	/	/	/	/	/	/	/	/	/	/	/	/	/	/	/	/	/	/	/	/
3	李欣	/	/	/	/	/	/	/	/	/	1	1	/	1	1	0	0.5	0.5	0.5	0.5	0.5	/	/	/
4	王嘉璇	/	/	/	/	/	/	/	/	/	/	/	/	/	/	/	/	/	/	/	/	/	/	/
5	王璟泓	1	1	1	1	1	/	1	1	1	1	1	1	1	1	1	1	1	/	/	1	/	/	/
6	褚莹莹	/	/	/	/	/	/	/	/	/	/	/	/	/	/	/	/	/	/	/	/	0.3	1	1
7	韩雨桐	/	1	1	1	1	/	1.5	/	/	/	/	/	/	/	/	/	/	/	/	/	/	/	/
8	张凯淇	1	0.3	/	/	/	/	/	/	/	/	/	/	/	/	/	/	/	/	/	/	/	/	/
9	仲佳慧	/	/	/	/	/	/	/	/	/	/	/	/	/	0.5	/	/	1	1	1	1	1.5	1	1
10	高雨虹	/	/	/	/	/	/	/	/	/	/	/	/	/	/	/	/	/	/	/	/	/	/	/
11	黄珍勇	/	1	0.5	/	/	/	/	/	/	/	/	/	/	/	/	/	/	/	/	/	/	/	/
12	杨太成	1	1	1	1	1	1	/	1	/	1	/	1	1	1	1	1	/	/	/	/	/	/	/
13	历美琪	/	/	/	/	/	/	/	/	/	/	/	/	/	/	/	/	/	/	/	/	/	/	/
14	李枢嫒	/	/	/	/	/	/	/	/	/	/	/	/	/	/	/	/	/	/	/	/	/	/	/
15	杨千龙	/	1	1	1	1	1	1	/	/	/	/	/	/	/	/	/	/	/	/	/	/	/	/
16	巫文杰	1	0	0	0.1	500	0	1	0	0.11	0	0	0	0	0	0	0	0	0	0	0	0	0	0
17	杨金生	/	/	/	/	/	/	/	/	/	/	/	/	/	/	/	/	/	/	/	/	/	/	/
18	李坤林	/	/	1	2	/	/	/	/	/	/	/	/	/	/	/	/	/	/	/	/	/	/	/
19	李大庆	/	/	/	/	/	/	/	/	0.5	1.5	1	1	1	1	1	1	1	1	1	1	1	1	1
20	张舒涵	/	1	1	/	/	/	/	/	/	/	/	/	/	/	/	/	/	/	/	/	/	/	/
21	段雨轩	1	1	/	/	/	/	/	1	1	/	1	1.5	1.5	1	1	1	2	1	3	1	5	1	1

图 8-2　钉钉打卡 Excel 文件内容

根据此文件的特点，编写代码来统计每个学生的打卡次数以作为给分依据。首先，读取“每日编程 1124.xls”文件，按照每行开始循环，统计每一行非“/”的单元格数，以字典数据结构形式保存。接着，把字典数据保存到一个新的.xls 表中。具体代码如案例 8-2 所示。

案例 8-2：Excel 文件的处理（完整代码见网盘 8-2 文件夹）

```
In [1]: import xlwt
In [2]: import xlrd
#从.xls 表中读取学生数据，并返回学生字典(姓名,打卡次数)
In [3]: def getxlsdata():
        stuset={}
        temp=0
        rd = xlrd.open_workbook("每日编程 1124.xls")
        #获取名为“学生表”的表
```

```
        table = rd.sheet_by_name("Python 程序设计基础")
        for i in range(1,103):
            for j in range(1,81):
                if table.cell(i, j).value=="/":
                    pass
                else:
                    temp=temp+1
            stuset.update({table.cell(i, 0).value: temp})
            temp=0
        stuset=sorted(stuset.items(),key=lambda x:x[1],reverse=False)
        return stuset
In [4]: def savexls():#将姓名和打卡次数保存到 Excel 文件中
        sdict=getxlsdata()
        #创建一个 workbook 来设置编码
        workbook = xlwt.Workbook(encoding = 'utf-8')
        #创建一个 worksheet
        worksheet = workbook.add_sheet('打卡统计信息表')
        worksheet.write(0, 0, label = '姓名')
        worksheet.write(0, 1, label = '打卡次数')
        i=1
        for j in sdict:
            worksheet.write(i, 0, label =j[0])
            worksheet.write(i, 1, label = j[1])
            i=i+1
        #保存
        workbook.save('学生打卡统计表单.xls')
```

程序运行结果即“学生打卡统计表单.xls”，内容如图 8-3 所示。

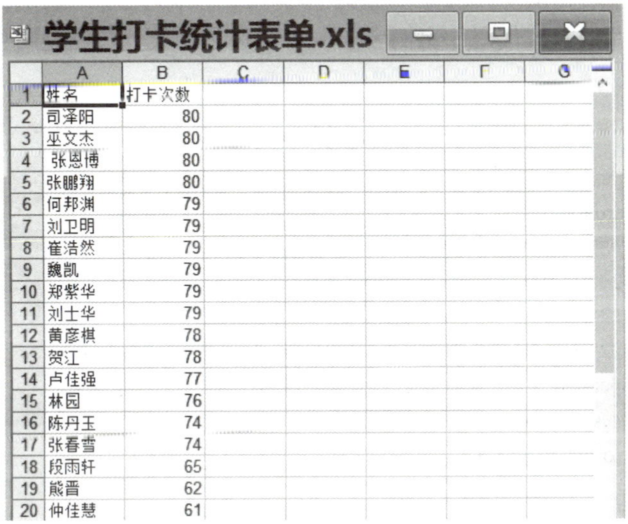

	A	B	C	D	E	F	G
1	姓名	打卡次数					
2	司泽阳	80					
3	巫文杰	80					
4	张恩博	80					
5	张鹏翔	80					
6	何邦渊	79					
7	刘卫明	79					
8	崔浩然	79					
9	魏凯	79					
10	郑紫华	79					
11	刘士华	79					
12	黄彦棋	78					
13	贺江	78					
14	卢佳强	77					
15	林园	76					
16	陈丹王	74					
17	张春雪	74					
18	段雨轩	65					
19	熊晋	62					
20	仲佳慧	61					

图 8-3 “学生打卡统计表单.xls”内容

运行结果分析：

由案例 8-2 所示，函数 getxlsdata()用于读取并统计"每日编程 1124.xls"文件，首先使用 xlrd.open_workbook()打开文件，然后利用 rd.sheet_by_name()获取表单中的表，接着利用两重 for 循环统计每个学生的打卡次数，并把结果保存到 stuset 集合中，最后返回该集合。

函数 savexls() 用于保存统计结果到"学生打卡统计表单.xls"中，首先利用 xlwt.Workbook(encoding = 'utf-8')创建一个表单文件，再利用 workbook.add_sheet('打卡统计信息表')在表单里创建一个表，最后利用 worksheet.write()分别写入表头和每个学生的统计结果。

8.4　CSV 文件处理方法

CSV（Comma Separated Values）文件，即逗号分隔符（分隔符也可以不是逗号），是一种常用的纯文本格式，用以存储表格数据。该文件格式的用途广泛，尤其是爬虫爬取后的数据保存为 CSV 文件格式比较方便，能够被 Excel 软件打开。Python 内置了 CSV 库来帮助处理该类文档，CSV 库常用方法如表 8-5 所示。

表 8-5　CSV 库常用方法

编号	方法	功能
1	reader(csvfile,dialect,**fmtparams)	打开 csvfile 文件，dialect 是编码风格，默认为 Excel 的风格（即逗号），也可以换成其他分隔符
2	csv.writer(f)	f 是文件对象，该函数返回 writer，一次写入一行或者多行
3	csv.DictReader(f)	使用 DictReader 可以像操作字典 f 那样读取数据，把表的第一行（一般是表头）作为 key。使用 key 可访问行中那个 key 对应的数据
4	DictWriter(f, headers)	使用 DictWriter 类可以写入 f 字典形式的数据，同样键也是表头（表格第一行）

CSV 库写入文件的具体代码如案例 8-3 所示，这里的天气数据是爬虫爬取的，需要保存到 CSV 文件中。

案例 8-3a：CSV 库写入文件的处理（完整代码见网盘 8-3 文件夹）

```
In [1]: import csv
In [2]: weatherdata=[
        ("日期","最高温度","最低温度","风力"),
        ("2022.01.29","-6","-16","西北风 3 级"),
        ("2022.01.30","-7","-18","西北风 3 级"),
        ("2022.01.31","-8","-18","北风 3 级")]#天气数据用列表存储
In [3]: with open("天气情况.csv","w",newline="") as myfile:
        writer=csv.writer(myfile)
            for wd in weatherdata:
                writer.writerow(wd)
In [4]: persondict={"姓名":"吴迪","城市":"齐齐哈尔","性别":"男"}
```

```
In [5]: fieldnames=["姓名","城市","性别"]
In [6]: with open("个人情况.csv","w",newline="",encoding="utf-8-sig") as myfile:
            writer=csv.DictWriter(myfile,fieldnames=fieldnames)
            writer.writeheader()
            writer.writerow(persondict)
```

程序运行结果如文件"天气情况.csv"和"个人情况.csv"所示，如图 8-4 所示。

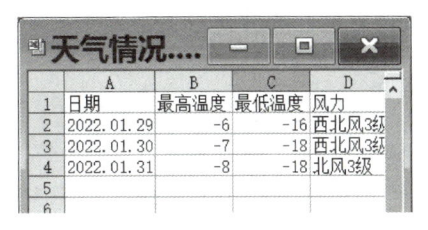

图 8-4　保存的 CSV 文件内容

运行结果分析：

该案例分别写入列表数据到"天气情况.csv"，写入字典数据到"个人情况.csv"，首先导入 CSV 库，然后定义列表数据，分别是日期、最高温度、最低温度和风力，接着以写入模式打开文件。注意，newline=" "语句可以避免文件出现空行的情况。利用 csv.writer()返回一个可迭代对象，即文件句柄，可以读取该对象且解析为 CSV 数据的每一行。与 csv.writer()类似，csv.reader()也使用一个已打开文件的句柄，再用 for 循环写入每行数据。写入数据处理完毕之后，关闭文件。CSV 库也提供了 csv.DictWriter 类，用于将字典字段写入 CSV 文件中。写入字典数据与上述写入列表数据的操作类似。

CSV 库读取文件的具体代码如案例 8-3b 所示。

案例 8-3b：CSV 库读取文件的处理（完整代码见网盘 8-3 文件夹）

```
In [1]: import csv
In [2]: with open("天气情况.csv","r",newline="") as myfile:
            lines=csv.reader(myfile)
            for line in lines:
                print(", ".join(line))
```

程序运行结果如下：

```
日期, 最高温度, 最低温度, 风力
2022.01.29, -6, -16, 西北风 3 级
2022.01.30, -7, -18, 西北风 3 级
2022.01.31, -8, -18, 北风 3 级
```

运行结果分析：

该案例以只读模式打开文件"天气情况.csv"，利用 csv.reader()返回一个可迭代对象，即文件句柄，再用 for 循环读取文件对象内的每行数据，最后利用 join()函数连接各元素输出。

133

8.5 案例——阳光分班

本案例源于某中学小升初分班需求，具体需求是小学升初中，有 1200 名小学生，如何公平、公开地分配班级，是本案例需要解决的问题。案例的完成将维护每个学生平等接受教育的权利，促进全体学生身心健康发展，保障教育优质均衡发展，实现教育公平，树立良好的教育形象。

本案例实现的主要内容如下：

1）实现对 Excel 数据文件的读取和写入。学生的数据保存在.xls 表中，属性主要有姓名、性别、语数外成绩、来源学校等（为简单起见，属性暂时只有姓名、性别、成绩 3 种）。本程序首先需要正确读取学生信息文件，以便下一步的操作。分配完班级后，系统要保存结果到.xls 文件中，以便打印公示。

2）阳光分班算法设计。分班要求是每个班的学生都需要均匀分配，各班之间相差的人数不超过 2 人，每班的男女比例相近，成绩也要梯度分布。不能出现各班级人数相差悬殊的情况，也不能出现某个班都是学习成绩高的，而另一个班都是学习成绩低的情况。

第 1 步：本案例要随机生成 1200 个学生的数据表，包括学生的姓名、性别和入学成绩等属性。此数据文件将作为阳光分班案例需要处理的仿真文件。实现过程如案例 8-4 所示。

案例 8-4a：学生名单文件生成（完整代码见网盘 8-4 文件夹）

```
In [1]: import random
In [2]: import xlwt
In [3]: def getname():
    xing = ['赵','钱','孙','李','周','吴','郑','王','冯','陈','褚','卫','蒋','沈','韩','杨','朱','秦','尤','许','何','吕','施','张','孔','曹','严','华','金','魏','陶','姜','戚','谢','邹','喻','柏','水','窦','章','云','苏','潘','葛','奚','范','彭','郎','鲁','韦','岑','薛','雷','贺','倪','汤','滕','殷','罗','毕']
    ming = ['筠','柔','竹','霭','凝','晓','欢','霄','枫','芸','菲','寒','伊','亚','宜','可','姬','舒','影','荔','言','玉','意','泽','彦','轩','景','正','程','诚','宇']
    #创建一个 workbook 来设置编码
    workbook = xlwt.Workbook(encoding = 'utf-8')
    #创建一个 worksheet
    worksheet = workbook.add_sheet('小升初学生信息表')
    #写入 Excel，参数对应行、列、值
    worksheet.write(0, 0, label = '姓名')
    worksheet.write(0, 1, label = '性别')
    worksheet.write(0, 2, label = '升学成绩')
    #随机生成 1200 个学生，包括姓名、性别和入学成绩，保存到一个.xls 表中
    for i in range(1, 1201):
        x = random.randint(2, 3)#用于判断生成几个字的名字
        sex = random.randint(0, 1)#用于生成性别，0 代表女
```

```
        score = random.randint(0, 300)#随机生成学生入学成绩
        if x == 2:
            worksheet.write(i, 0, label = random.choice(xing) + random.choice(ming))
            if sex == 0:
                worksheet.write(i, 1, label = '女')
            else:
                worksheet.write(i, 1, label='男')
        else:
            worksheet.write(i, 0, label = random.choice(xing) + random.choice(ming) + random.choice(ming))
            if sex == 0:
                worksheet.write(i, 1, label = '女')
            else:
                worksheet.write(i, 1, label = '男')
        worksheet.write(i, 2, label = score)
    #保存
    workbook.save('学生信息表单.xls')
```

程序运行结果如图 8-5 所示。

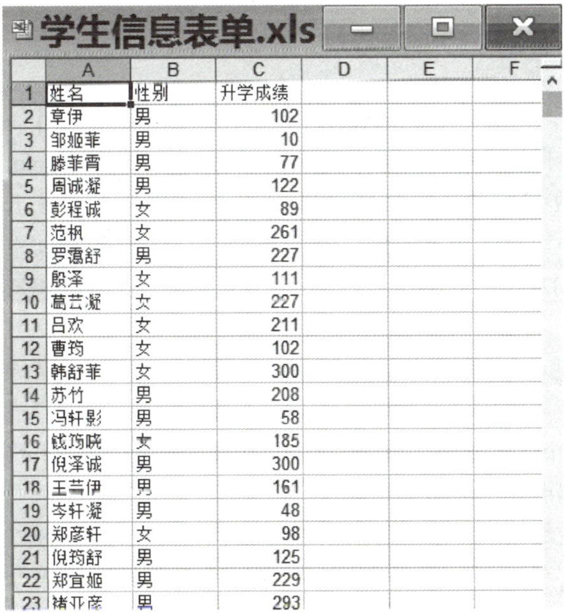

	A	B	C	D	E	F
1	姓名	性别	升学成绩			
2	章伊	男	102			
3	邹姬菲	男	10			
4	滕菲霄	男	77			
5	周诚凝	男	122			
6	彭程诚	女	89			
7	范枫	女	261			
8	罗霭舒	男	227			
9	殷泽	女	111			
10	葛芸凝	女	227			
11	吕欢	女	211			
12	曹筠	女	102			
13	韩舒菲	女	300			
14	苏竹	男	208			
15	冯轩影	男	58			
16	钱筠晓	女	185			
17	倪泽诚	男	300			
18	王芸伊	男	161			
19	岑轩凝	男	48			
20	郑彦轩	女	98			
21	倪筠舒	男	125			
22	郑宜姬	男	229			
23	褚亚彦	男	293			

图 8-5 “学生信息表单.xls” 内容

运行结果分析：

由案例 8-4a 所示，函数 getname()用于随机生成 1200 个学生数据并保存到“学生信息表单.xls”文件中。首先建立两个列表 xing、ming，一个保存常见的姓，另一个保存常见的名。然后利用 xlwt.Workbook()函数和 workbook.add_sheet()函数生成工作簿中的一个工作表，用 worksheet.write()函数写入表头。最后，用 for 循环写入 1200 个学生的数据，if 判断

语句用于判定是 2 个字的姓名还是 3 个字的姓名，然后分别写入姓名、性别和成绩。

第 2 步：将生成的"学生信息表单.xls"作为输入数据，读取该文件，按照性别不同保存数据到字典中，作为下一步分班算法的输入数据。实现过程如案例 8-4b 所示。

案例 8-4b：读取学生名单文件（完整代码见网盘 8-4 文件夹）

```
In [1]: import xlrd
In [2]: def getnamelist():
            boyset={}
            girlset={}
            rd = xlrd.open_workbook("学生信息表单.xls")
            #获取名为"学生表"的表
            table = rd.sheet_by_name("小升初学生信息表")
            for i in range(1,1200):
                #使用一个循环将 Excel 的数据按照男女不同保存到集合列表中，只取名字和分数
                if table.cell(i, 1).value=="男":boyset.update({table.cell(i, 0).value: table.cell(i, 2).value})
                else:girlset.update({table.cell(i, 0).value: table.cell(i, 2).value})
            blst=sorted(boyset.items(),key=lambda x:x[1],reverse=False)
            glst=sorted(girlset.items(),key=lambda x:x[1],reverse=False)
            return blst, glst
```

运行结果分析：

由案例 8-4b 所示，函数 getnamelist()首先新建两个字典，一个 boyset 用于存储男生信息，另一个 girlset 用于存储女生信息。再利用 xlrd.open_workbook("学生信息表单.xls")和 rd.sheet_by_name()函数打开"学生信息表单.xls"工作簿中的"小升初学生信息表"工作表。接着利用 for 循环，按照男女不同，把数据分别存储到 boyset 和 girlset 中，字典中的数据形如{"章伊"：102，"周诚凝"：122，…}。最后，把这两个字典排序后变成列表形式返回。

第 3 步：将上一步生成的两个字典作为输入数据，利用设计好的阳光分班算法进行分班。算法设计如下：

假定，要将 1200 个学生分成 20 个班，首先要把学生按照性别分别存储为列表形式，这样就能保证每个班级的男女比例相似。

接着，按照学习成绩排序，这样分班时就能保证不会出现高分学生和低分学生扎堆在某个班的情况。这两步以案例 8-4b 生成的列表作为输入数据即可解决。

最后，可先将前 20 名学生随机分到每个班级，然后是第 21～40 名学生随机分到各班（这样就保证了分数水平大体相同），以此类推，直到所有学生分完班级为止。

实现过程如案例 8-4c 所示。

案例 8-4c：阳光分班算法实现（完整代码见网盘 8-4 文件夹）

```
def divideClass():
    boylst, girllst=getnamelist()
    banji=list(range(1,21))#建立班级列表
```

```
workbook = xlwt.Workbook(encoding='utf-8')#建立写入文件
worksheet = workbook.add_sheet('分班表')
worksheet.write(0, 0, label = '姓名')
worksheet.write(0, 1, label = '性别')
worksheet.write(0, 2, label = '分数')
worksheet.write(0, 3, label = '班级')
#循环对男生分班,每20个学生分一次,直到所有男生分完班为止
for bindex,b in enumerate(boylst):
    random.shuffle(banji) #班级乱序
    #分配班级
    if banji:
        pass
    else:
        banji=list(range(1,21))#建立班级列表
    worksheet.write(bindex+1, 0, label = b[0])
    worksheet.write(bindex+1, 1, label ="男")
    worksheet.write(bindex+1, 2, label = b[1])
    worksheet.write(bindex+1, 3, label = banji[0])
    banji.pop(0)
#循环对女生分班,每20个学生分一次,直到所有女生分完班为止
banji=list(range(1,21))#建立班级列表
for gindex,g in enumerate(girllst):
    ...
```

程序运行结果如图 8-6 所示。

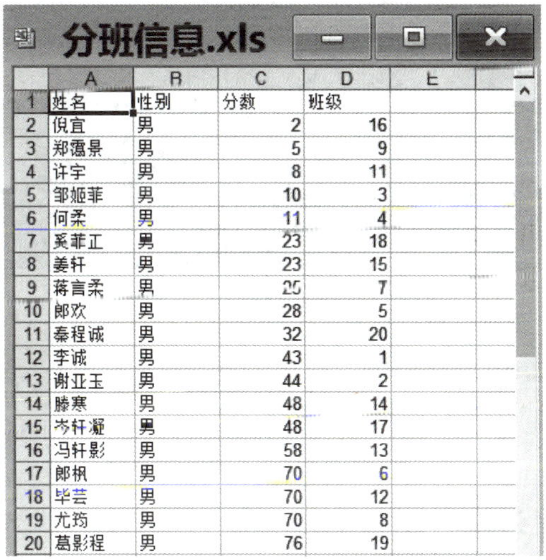

图 8-6 分班结果

运行结果分析:

由案例 8-4c 所示,函数 divideClass()首先利用 getnamelist()返回的两个列表作为分班的

数据，接着利用 xlwt 生成工作簿和工作表，并写入表头姓名、性别、分数和班级。接着，先对男生列表分班，再对女生列表分班。分班用 for 循环把列表循环一遍，在循环内部把 20 个班级名打乱顺序，随机分配给每个列表元素。分配结束后，再次生成 20 个班级名，继续随机分配到每个学生，直到循环结束为止。

第 4 步：阳光分班案例界面使用 Python 的 Tkinter 库进行设计，使用画布设置整体的布局，设置了简单的按钮，并绑定了相关函数，系统界面简约、大方，充分体现了界面设计的用户友好原则，使用者可以快速上手，从而节省了了解系统所花费的时间。由于篇幅所限，有关界面设计相关代码读者可查看网盘第 8 章的 8-3 文件夹。界面设计运行结果如图 8-7 所示。

图 8-7　阳光分班界面设计运行结果

文件处理更多地是与爬虫联合应用，使用 Python 进行办公文件的处理可以为自动化办公提供强大的支持。

8.6　习题

1. 读取文本《沁园春·雪.txt》内容，并显示文本文件的前 20 个字符，再显示第 30～40 个字符，该文本在网盘的第 8 章文件夹中。

2. 向文本文件中写入内容（你的父母姓名，换行，联系电话，换行，你的姓名，换行，联系电话），接着读出并显示在屏幕上，计算文本文件中最长行的长度并显示出来。

3．从当前目录 data 依次读取 5 个人的微博.txt 文件，按照文件长度排好顺序并命名为 1.txt、2.txt 等，然后依次把内容写入 D 盘"sumdata"目录下的 sum.txt 文件中。

4．请编程依次读取"考勤 data"的多个"学生考勤表.xls"，通过计算统计每个学生的出勤信息来得出出勤次数，并保存为考勤结果.csv 文件。

5．读取"学生打卡统计.xls"表，规范化其数据，统计学生的打卡次数并排序输出。打卡统计表在网盘的第 8 章文件夹内。

第 9 章 网络爬虫

本章导读

网络爬虫是按照写好的程序，模拟浏览器请求，自动在网络中爬取数据并返回给用户。本章主要介绍网络爬虫的原理、组成部分、爬取和解析数据的各种模块，最后列举了几个案例以便于读者加深理解。

学习目标

1. 理解网络爬虫的原理和组成部分
2. 掌握 Requests 库的常用方法
3. 掌握 urlib.request 库的常用方法
4. 掌握 BeautifulSoup 库的使用方法
5. 理解和掌握本章爬虫案例的实现步骤
6. 学会爬取不同网站的数据

9.1 网络爬虫简介

互联网是由一个个站点和网络设备组成的大网，通过浏览器输入网址访问站点，然后站点把 HTML、JS、CSS 等网页源代码和 JSON 数据、二进制数据（图片、视频等）返回给浏览器，这些数据经过浏览器解析、渲染，最后将内容丰富、色彩缤纷的网页呈现在用户眼前。如果把互联网比作一张大的蜘蛛网，那么蜘蛛网的各个节点存放着需要访问的数据，本章介绍的网络爬虫（Spider 或者 Crawler）就像一只小蜘蛛，它按照编写的程序，模拟浏览器请求，自动沿着网络爬取数据并返回给用户。网络爬虫应用广泛，常见的爬虫如百度、谷歌等搜索引擎，它们每隔一段时间就爬取全网网页以供网友查询搜索。

一个基本的网络爬虫通常分为数据爬取（访问网页获取数据）、数据处理（解析网页中的数据）和数据存储（保存为.txt、.csv 等文件或保存在数据库中）3 个部分的内容。具体过程是在数据爬取部分，网络爬虫通过浏览器把访问请求 Request（包括请求头、请

求体等）发送给服务器，服务器接收请求后分析请求信息。如果请求合法，则返回一个 Response（包含 HTML、JSON、CSS，图片、视频等数据），如果服务器无法及时响应，此时可以设置一定的重试次数；如果服务器被屏蔽，则可以设置用户代理。在数据处理部分，网络爬虫在接收到 Response 后，会解析其内容并提取有用的部分来显示给用户。解析 HTML 数据常使用正则表达式（RE 模块）、第三方解析库（如 BeautifulSoup、pyquery 等工具）。

> **应用提醒**：使用爬虫采集数据可以用于学习，但如果采集了明确声明过不能抓取的内容或使用数据牟利，都是违法行为。

9.2 数据爬取

9.2.1 Requests 库

Requests 库是 Python 的第三方库，它是目前公认的爬取网页最好的第三方库之一。接下来介绍 Requests 库的常用方法，常用方法如表 9-1 所示。

表 9-1 Requests 库常用方法

编号	方法	功能
1	request()	构造一个请求，是支持本表编号 2~5 以下各方法的基础方法，本表编号 2~5 这几个方法都是为了方便读者编程并调用 request() 方法实现的
2	get(url)	构造一个向服务器请求资源的 Request 对象，结果返回一个包含服务器资源的 Response 对象。通过 Response 对象可以获取请求的返回状态、URL 对应的页面内容、页面的编码方式及页面内容的二进制形式
3	head()	获取 HTML 网页头信息的方法，对应于 HTTP 的 head。与 get() 方法不同的是，它只获取网页的头部信息，而不是全部页面信息
4	post()	向 HTML 网页提交 post 请求，对应于 HTTP 的 post
5	put()	向 HTML 网页提交 put 请求

下面通过一个案例简单了解 Requests 库。本案例读取齐齐哈尔大学网站主页 "http://www.qqhru.edu.cn/" 的源码，输入代码，如案例 9-1 所示。

案例 9-1：查看网页内容（完整代码见网盘 9-1 文件夹）

```
In [1]: import requests
In [2]: pagecontent=requests.get("http://www.qqhru.edu.cn/")
In [3]: pagecontent.encoding= pagecontent.apparent_encoding
Out[3]: print(pagecontent.status_code)
Out[4]: print(pagecontent.text)
In [4]: pagehead=requests.head("http://www.qqhru.edu.cn/")
Out[5]: print(pagehead.headers)
```

141

程序运行结果：

```
200
<html><head>
    <meta charset="utf-8">
    <meta name="viewport" content="width=device-width, initial-scale=1.0,minimum-scale=1.0, maximum-scale=1.0">
    <meta name="apple-mobile-web-app-status-bar-style" content="black">
    <meta name="format-detection" content="telephone=no">
    <meta name="renderer" content="webkit">
    <meta http-equiv="X-UA-Compatible" content="IE=edge,chrome=1">
    <title>齐齐哈尔大学</title><META Name="keywords" Content="齐齐哈尔大学" />
…
{'Cache-Control': 'max-age=600', 'X-Frame-Options': 'SAMEORIGIN', 'Content-Length': '9519', 'Server': 'Server', 'Accept-Ranges': 'bytes', 'Content-Language': 'zh-CN', 'Content-Encoding': 'gzip', 'Date': 'Sat, 05 Feb 2022 07:50:56 GMT', 'ETag': '"9f6b-5d6ca1577e146-gzip"', 'Connection': 'Keep-Alive', 'Content-Type': 'text/html', 'Keep-Alive': 'timeout=5, max=100', 'Last-Modified': 'Sun, 30 Jan 2022 10:25:15 GMT', 'Vary': 'Accept-Encoding', 'Expires': 'Sat, 05 Feb 2022 08:00:56 GMT'}
```

运行结果分析：

本案例首先导入 Requests 库，然后使用 Requests 提供的方法 get()返回一个 response 对象为 content，获取网页的状态码 status_code，如果返回为 200，则为成功访问。之后，通过 Encoding 设置好网页源码的编码形式，不然汉字会出现乱码。因为编辑网页时如果没有在网页 HTML 文件头部写入 charset="utf-8"语句，则网页编码默认格式为 iso-8859-1，显示中文字符会是乱码，所以一般显示中文都使用 UTF-8 编码格式。而 apparent_encoding 是对网页上的内容进行分析后确定的编码格式，该格式更可靠。接着输出网页上的源码内容 pagecontent.text，由于篇幅有限，这里只显示部分内容，读者可以自行运行案例源码查看完整结果。最后通过 head()获取齐齐哈尔大学网站主页的头部信息并输出。

如案例 9-1 所示，使用 Python 中的 Requests 库获取网页上的信息，而这些信息的返回结果都封装在 response 对象中，该对象的属性如表 9-2 所示。

表 9-2　response 对象的属性

编号	属性	功能
1	status_code	HTTP 请求的返回状态，状态 200 表示连接成功，404 表示连接失败
2	text	HTTP 相应内容的字符串形式，即对应的页面内容
3	encoding	网页内容编码方式
4	apparent_encoding	从内容分析出的编码方式
5	content	响应内容的二进制形式，如图片

9.2.2　urlib 库

urlib 库是 Python 内置的爬虫库，功能强大，代码简单。

该库包含 4 个模块，分别是：

requset：HTTP 请求模块，可以用来模拟发送请求，只需要传入 URL 及额外参数，就可以模拟浏览器访问网页的过程。

error：异常处理模块，检测请求是否报错，捕捉异常错误，进行重试或其他操作，保证程序不会终止。

parse：工具模块，提供许多 URL 处理方法，如拆分、解析、合并等。

robotparser：识别网站的 robots.txt 文件，判断哪些网站可以爬取，哪些网站不可以爬取，使用的频率较少。

接下来介绍 urlib 库的常用方法，如表 9-3 所示。

表 9-3　urlib 库常用方法

编号	方法	功能
1	request.urlopen(url,data=None,cafile=None, capath=None,cadefault=False,context=None)	打开 url 的网址，返回数据格式为 bytes 类型，需要 decode()解码，转换成 str 类型
2	read()	读取 urlopen()返回的数据
3	readline()	按行读取 urlopen()返回的数据
4	into()	读取 urlopen()来获取信息头信息
5	getcode()	读取 urlopen()来获取爬取网页的状态码（200、403、404 等）
6	request.Request(url,data=None,headers={}, method=None)	使用 request()来包装请求，再通过 urlopen()来获取页面。用来包装头部的数据如 User-Agent 浏览器名和版本号、操作系统名和版本号、默认语言
7	request.urlretrieve(url,filename, reporthook, data)	直接将远程 url 的数据下载到本地 filename。reporthook 是一个回调函数，可以显示当前的下载进度
8	request.urlcleanup()	将 urlretrieve 产生的缓存清除

下面通过一个案例简单了解 urlib 库。本案例读取齐齐哈尔大学网站主页"http://www.qqhru.edu.cn/"的源码，输入代码，如案例 9-2 所示。

案例 9-2：查看网站主页内容（完整代码见网盘 9-2 文件夹）

In [1]: from urllib import request
In [2]: url1="http://www.qqhru.edu.cn"
In [3]: content = request.urlopen(url1,timeout=1)
In [4]: data = content.read().decode('utf-8')#read()读取全部内容
Out[5]: print(data)
In [6]: request.urlretrieve(url1,"qd.html")

程序运行结果：

\<html\>\<head\>
\<meta charset="utf-8"\>
\<meta name="viewport" content="width=device-width, initial-scale=1.0,minimum-scale=1.0, maximum-scale=1.0"\>
\<meta name="apple-mobile-web-app-status-bar-style" content="black"\>

```
<meta name="format-detection" content="telephone=no">
<meta name="renderer" content="webkit">
<meta http-equiv="X-UA-Compatible" content="IE=edge,chrome=1">
<title>齐齐哈尔大学</title><META Name="keywords" Content="齐齐哈尔大学" />
...
```

运行结果分析：

本案例首先导入 urlib.requests 库，然后使用 urlopen() 返回一个 response 对象为 content。之后，通过 read() 函数读取 content 中的内容，再用 decode() 函数解码为 UTF-8 编码格式。最后通过 urlretrieve() 将齐齐哈尔大学的网址保存在当前目录下，命名为 qd.html 网页文件，但打开该网页时，格式有一定问题，因为 CSS 代码和图片资源并没有一起保存下来。

9.3 数据解析

9.2 节介绍了通过 Requests 库等访问和爬取网站数据，本节将介绍用 BeautifulSoup 库解析爬取的数据。BeautifulSoup 库是用来解析、遍历、维护"标签树"的功能库，支持 Python 标准库中的 HTML 解析器，还支持一些第三方的解析器，如 lxml 解析器。一般来说，lxml 解析器的功能更强，速度更快。利用 BeautifulSoup 库解析网页避免了编写正则表达式的麻烦，可以更方便地提取需要的网页信息。BeautifulSoup 库解析器如表 9-4 所示。

表 9-4 BeautifulSoup 库解析器

编号	解析器	介绍
1	Python 标准库	BeautifulSoup(markup,"html.parser")，优点是属于内置库，不需要安装，文档容错率强
2	lxml HTML 解析器	BeautifulSoup(markup, "lxml ")，优点是速度快，文档容错率强
3	lxml XML 解析器	BeautifulSoup(markup, "xml ")，优点是速度快，是唯一支持 XML 的解析器
4	Html5lib	BeautifulSoup(markup, "html5lib")，优点是容错性好，能生成 H5 文档，但速度较慢

BeautifulSoup 库常用方法如表 9-5 所示。

表 9-5 BeautifulSoup 库常用方法

编号	方法	介绍
1	find_all(name, attrs, recursive ,text ,**kwargs)	搜索当前 tag 的所有 tag 子节点，并判断是否符合过滤器的条件，返回结果是包含一个元素的列表
2	find(name, attrs, recursive, text, **kwargs)	与 find_all() 方法的功能一样，区别在于它直接返回结果
3	find_parents()	与 find_all() 方法的功能一样，区别在于，find_all() 只搜索当前节点的所有子节点、孙子节点等，而该方法可用来搜索当前节点的父辈节点
4	select()	CSS 选择器，返回类型是 list

本节案例可访问 http://www.weather.com.cn/，按照输入的城市输出对应时间的天气情

况，如案例 9-3 所示。

案例 9-3：爬取天气信息（完整代码见网盘 9-3 文件夹）

```
In [1]: from urllib import request
In [2]: from bs4 import BeautifulSoup
In [3]: import easygui as ea
In [4]: if __name__ == "__main__":
            ret=ea.choicebox(msg="请选择某一个城市",choices=["哈尔滨","齐齐哈尔","牡丹江","佳木斯","绥化","黑河"])
            if ret=="哈尔滨":#判断选中的是哪一个城市
                tempcity="101050101.shtml"
            elif ret=="齐齐哈尔":
                tempcity="101050201.shtml"
            week_tem = {}
            weathername=[ ]
            weathertemp1=[ ]
            weathertemp2=[ ]
            weatherwind=[ ]
            weatherwea=[ ]
            url = "http://www.weather.com.cn/weather/"+tempcity      #入口网址
            content = request.urlopen(url).read().decode("utf-8")#下载网页
            soup = BeautifulSoup(content, "lxml")                #生成解析器
            #寻找相关节点
            weather_nodes = soup.find("ul", class_="t clearfix").find_all("li")
            for node in weather_nodes:
                name = node.find("h1").get_text()
                tem_hightem = node.find("span").get_text()
                tem_lowtem = node.find("p", class_="tem").find("i").get_text()
                temp_wind=node.find("p", class_="win").find("i").get_text()
                temp_wea=node.find("p", class_="wea").get_text()
                weathername.append(name)
                weathertemp1.append(tem_lowtem)
                weathertemp2.append(tem_hightem)
                weatherwind.append(temp_wind)
                weatherwea.append(temp_wea)
            ret1=ea.buttonbox(msg="请选择如何显示该城市的详细数据",title="哪天天气数据",choices=("今天","明天","后天","图形展示"))
            if ret1=="今天":        #判断选中的是哪一天
                messtemp="低温"+weathertemp1[0]+"，高温"+weathertemp2[0]+"，风向"+weatherwea[0]
                ea.msgbox(msg=messtemp,title="天气",ok_button="了解了")
        ...
```

运行结果如图 9-1 和图 9-2 所示。

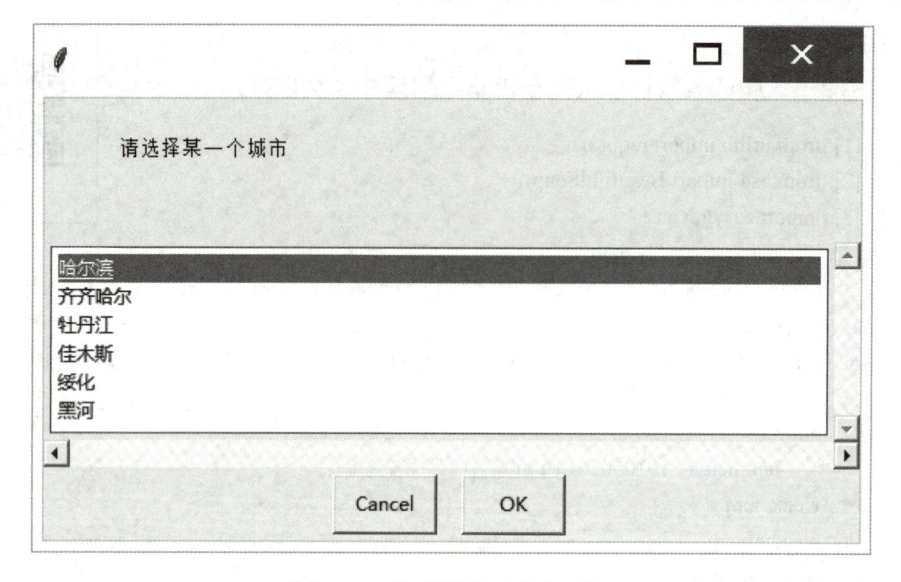

图 9-1　天气预报爬虫城市选择

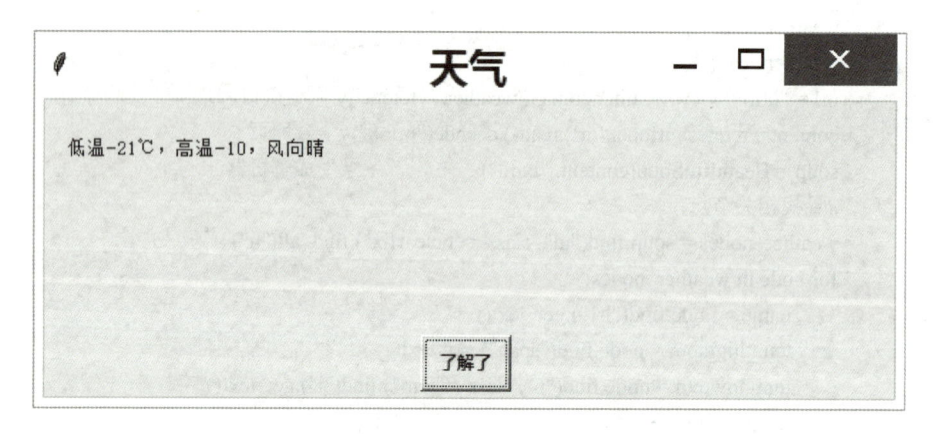

图 9-2　天气预报爬虫某城市天气情况展示

运行结果分析：

本案例首先导入 urlib 库和 BeautifulSoup 库，以用于爬取网页内容和解析数据，导入 easggui 库用于界面设计，然后利用 request.urlopen(url).read().decode("utf-8")打开 URL 网页，读取网页源码并保存到 content 中，再利用 lxml 解析器对网页源码进行解析并保存到 soup 中。分析网页源码之后，找到对应信息的节点 find("ul", class_="t clearfix").find_all("li")，把所有的<li>节点循环一遍，找到对应的节点<h1>是今天、明天、后天等日期，<span>和<i>节点对应的是最高温度和最低温度，<class_="win">表示风向，<class_="wea">表示天气。具体标签的对应关系如图 9-3 所示的网页源码。

```
546 <input type="hidden" id="fc_24h_internal_update_time" value="2022020608"/>
547 <input type="hidden" id="update_time" value="11:30"/>
548 <ul class="t clearfix">
549 <li class="sky skyid lv1 on">
550 <h1>6日（今天）</h1>
551 <big class="png40 d00"></big>
552 <big class="png40 n00"></big>
553 <p title="晴" class="wea">晴</p>
554 <p class="tem">
555 <span>-10</span>/<i>-21℃</i>
556 </p>
557 <p class="win">
558 <em>
559 <span title="西风" class="W"></span>
560 <span title="西南风" class="SW"></span>
561 </em>
562 <i>3-4级转<3级</i>
563 </p>
564 <div class="slid"></div>
565 </li>
566 <li class="sky skyid lv2">
567 <h1>7日（明天）</h1>
568 <big class="png40 d00"></big>
569 <big class="png40 n01"></big>
570 <p title="晴转多云" class="wea">晴转多云</p>
571 <p class="tem">
572 <span>-7</span>/<i>-17℃</i>
573 </p>
574 <p class="win">
575 <em>
576 <span title="西风" class="W"></span>
577 <span title="西南风" class="SW"></span>
578 </em>
```

图 9-3　网页源码

9.4　案例

9.4.1　虎扑网球员信息爬取

本案例爬取虎扑网球员信息排名，选取部分信息进行格式化并显示到屏幕上，虎扑网球员信息网页地址是 https://nba.hupu.com/stats/players，输入代码，如案例 9-4 所示。

案例 9-4：球员信息排名（完整代码见网盘 9-4 文件夹）

```
In [1]: import requests
In [2]: from bs4 import BeautifulSoup
In [3]: def getHtmlText(url):#爬取网页信息
            r = requests.get(url)
            return r.text
In [4]: def cunNeiRong(ls, html):#对读取到的网页源码进行解析并返回列表
            #用 BeautifulSoup 的 parse 解析器解析网页
            soup = BeautifulSoup(html, "html.parser")
            #将 tbody 的儿子节点返回列表类型
```

```
                t_list = list(soup.find('tbody').contents)
                for tr in t_list:
                    if isinstance(tr, bs4.element.Tag):
                        tds = tr('td')
                        ls.append([tds[0].string,tds[1].string,tds[2].string,tds[3].string,tds[4].string])
In [5]: def printNeiRong(ls):#格式化输出球员信息
            print("球员数据")
            for i in range(16):
                s = ls[i]
                print("%-5s%-8s%-5s%-5s"%(s[0],s[1],s[2],s[3]))
```

程序运行结果：

球员数据

排名	球员	球队	得分
1	乔尔-恩比德	76人	29.30
2	扬尼斯-阿德托昆博	雄鹿	28.90
3	特雷-杨	老鹰	27.70
4	德马尔-德罗赞	公牛	27.00
5	贾-莫兰特	灰熊	26.40
6	卢卡-东契奇	独行侠	26.00
7	斯蒂芬-库里	勇士	25.90
7	尼古拉-约基奇	掘金	25.90
9	杰森-塔特姆	凯尔特人	25.60
10	多诺万-米切尔	爵士	25.50
11	德文-布克	太阳	25.20
12	扎克-拉文	公牛	24.70
13	卡尔-安东尼-唐斯	森林狼	24.30
14	杰伦-布朗	凯尔特人	23.90
15	布拉德利-比尔	奇才	23.20

运行结果分析：

本案例定义了 getHtmlText(url)函数以用于访问虎扑网球员信息页面"https://nba.hupu.com/stats/players"，并爬取网页源码以用于 cunNeiRong(ls, html)的页面解析，参数 html 是读取到的网页源码，ls 用于返回选取的格式化信息列表。该函数利用 html.parser 解析器解析源码，然后找到 tbody 标签下的节点以列表形式保存。接着循环读取每个子节点中的<td>标签，tds[0].string 对应的是排位，tds[1].string 对应的是球员名字，依次保存。最后在 printNeiRong(ls)函数中输出结果。

网页源码如图 9-4 所示。

```
208  <tbody>
209  <tr class="color_font1 bg_a">
210  <td width="46">排名</td>
211  <td width="142" class="left">球员</td>
212  <td width="50">球队</td>
213  <td>得分</td>
214  <td>命中-出手</td>
215  <td>命中率</td>
216  <td>命中-三分</td>
217  <td>三分命中率</td>
218  <td>命中-罚球</td>
219  <td>罚球命中率</td>
220  <td width="50">场次</td>
221  <td width="70">上场时间</td>
222  </tr>
223  <tr>
224  <td width="46">1</td>
225  <td width="142" class="left"><a href="https://nba.hupu.com/players/joelembiid-4958.html">乔尔-恩比德</a></td>
226  <td width="50"><a href="https://nba.hupu.com/teams/76ers">76人</a></td>
227  <td class="bg_b">29.30</td>
228  <td>9.50-19.10</td>
229  <td>49.7%</td>
230  <td>1.30-3.50</td>
231  <td>36.4%</td>
232  <td>9.00-11.10</td>
233  <td>80.9%</td>
234  <td width="50">41</td>
235  <td width="70">33.00</td>
236  </tr>
237  <tr>
```

图 9-4　网页源码

9.4.2 《三国演义》小说爬取

本案例爬取诗词名句网中的小说《三国演义》，然后把内容保存到 .txt 文件中，该网页网址是 https://www.Shicimingju.com/book/sanguoyanyi.html。

该页面如图 9-5 所示。

图 9-5　诗词名句网《三国演义》小说页面

149

本案例与上小节的案例类似，都是读取首页源码，分析后依次打开每一章的网址，读取源码并解析，再依次保存到.txt 文件中。本案例爬取的小说将作为本书第 11 章自然语言处理的语料使用。根据要求，输入代码，如案例 9-5 所示。

案例 9-5：爬取小说页面（完整代码见网盘 9-5 文件夹）

```
In [1]: import requests
In [2]: from bs4 import BeautifulSoup
In [3]: def getpage(url):
            headers = {
                'User-Agent':'Mozilla/5.0 (Windows NT 6.1; Win64; x64) AppleWebKit/537.36 (KHTML, like Gecko) Chrome/72.0.3626.119 Safari/537.36'
            }
            page = requests.get(url=url,headers=headers)
            page.encoding='utf-8'
            page_text =page.text
            return page_text
In [4]: def savechapter(page_text):
            soup = BeautifulSoup(page_text,'lxml')
            a_list = soup.select('.book-mulu > ul > li > a')
            fp = open('sanguo.txt','w',encoding='utf-8')
            for a in a_list:
                title = a.string
                detail_url = 'http://www.shicimingju.com'+a['href']
                detail_page = requests.get(url=detail_url,headers=headers)
                detail_page.encoding='utf-8'
                detail_page_text=detail_page.text
                soup = BeautifulSoup(detail_page_text,'lxml')
                content = soup.find('div',class_='chapter_content').text
                fp.write(title+'\n'+content)
                print(title,'下载完毕')
            print('over')
            fp.close()
```

程序运行结果如图 9-6 所示。

运行结果分析：

本案例首先定义了 getpage(url)函数，输入参数为诗词名句网网址 https://www.shicimingju.com/book/sanguoyanyi.html，然后返回网页源码。接着定义了 savechapter(page_text)函数，输入为网页源码，采用 BS4 的 lxml 解析器解析《三国演义》小说网址，通过 soup.select 选择器找到<div class="book-mulu">标签下的链接<a>（见图 9-7）。再以写入模式新建 sanguo.txt 文件，依次循环解析'http://www.shicimingju.com'+a['href']网址，即每一章内容的网址，找到 find('div',class_='chapter_content')中的内容并保存到.txt 文件中，最后关闭文件。《三国演义》小说网页源码如图 9-7 所示。

第9章 网络爬虫

图 9-6　sanguo.txt 文件

图 9-7　《三国演义》小说网页源码

国家颁布《中华人民共和国网络安全法》之后，人们对网络安全有了更高的要求。随着我国经济的不断进步，知识产权问题越来越被重视，非法爬虫是现在重要的打击部分。技术是无罪的，但使用技术的人是有对错的。公司或者程序员如果明知使用其技术的某些过程是非法的，而漠视法律就需要为之付出代价。

编写爬虫程序爬取数据之前，为了避免某些有版权的数据在后期带来诸多法律问题，可以通过查看网站的 robots.txt 文件来避免爬取某些网页。

robots 协议告知爬虫等搜索引擎哪些页面可以抓取，哪些不能。它只是一个通行的道德规范，没有强制性规定，完全由个人意愿遵守。作为一名有道德的技术人员，遵守 robots 协议有助于建设更好的互联网环境。网站的 robots 文件地址通常为网页主页网址后加上 robots.txt，如 www.baidu.com/robots.txt。

151

9.5　习题

1．什么是爬虫？你怎么理解网络爬虫？请描述你对网络爬虫爬取数据过程和原理的理解。

2．请打开某一个你常用的网页，比如你所在学校的主页、淘宝主页、搜狐新闻主页，然后查看其网页源码，请对源码进行解析和描述。

3．如何获取自己浏览器的 headers？请把方法写下来。

4．爬取天气预报，给天气预报做个界面，并显示出来。

5．爬取虎扑网球队信息并显示西部球队排名。

6．哪些爬虫行为是非法的？请举例说明。

7．如何反爬？请详细阐述。

第 10 章 机器学习

本章导读

机器学习（Machine Learning，ML）是一门多学科交叉专业，涵盖概率论知识、统计学知识、近似理论知识和复杂算法知识，使用计算机作为工具并致力于模拟人类学习方式，通过将现有内容进行知识结构划分来有效提高学习效率。

本章主要介绍机器学习和人工智能的基础知识，以及相关机器学习模型的实践应用。理解和掌握机器学习的概念，有助于学生深入研究算法模型背后的原理，并举一反三解决实际问题。

学习目标

1. 理解机器学习和人工智能的基本概念
2. 掌握第三方人工智能库的用法
3. 理解 KNN 算法原理
4. 理解回归算法原理
5. 理解和掌握本章案例的机器分类步骤

扫码看视频

10.1 机器学习和人工智能概述

在正式讲述机器学习之前，本节先从人工智能的定义和应用开始。使用计算机来构造复杂的、拥有与人类智慧具有同样本质特性的机器，从而代替人工工作，这个过程中涉及的技术、算法等统称为人工智能。目前，人工智能的应用领域非常广泛，应用案例也非常多，如 2023 年 OpenAI 公布的 GPT-4、百度推出的"文心一言"、微软和谷歌宣布的办公软件嵌入 AI 重磅应用，这种人工智能程序使得创造能力提升了十倍、百倍甚至千倍。2025 年初，DeepSeek 大模型正在重塑全球 AI 竞争格局，成为国产 AI 突破技术封锁的代表力量。比如，作为一个不会使用 Photoshop 软件、不会画图的普通人，只要描述需求，人工智能程序就会自动生成需要的海报，也许画得不是很好，但却具备了短时间内可以大规模生成中等质量图片和文字的能力，其数量与速度都是人类望尘莫及的。其他的人工智能应用案例还有电子设备中的数字助理，如 Siri、小爱同学，它们基本上都可以倾听并响应用户的命令，并转化为行动（如拨打电话、听歌），还能过滤无用的背景噪声把用户的命令提取出来。

> **应用提醒**：读者可以想想人工智能还有哪些实际应用案例呢？比如作者在 2023 年 7 月在南京夫子庙看见一个有意思的智能巡逻机器人，它脑袋上有个摄像头，可以自动避障，还可以语音交流。在 2025 年蛇年春晚舞台上，宇树科技的 AI 驱动、全自动集群机器人扭起秧歌，且动作流畅、整齐划一，可以变换队型、展示高阶舞蹈动作。

人工智能是一个很大的范畴，本章主要讲述的机器学习就是人工智能研究中的一个分支，其他分支还包括专家系统、群体智能、进化计算、模糊逻辑和粗糙集、知识表示等。人工智能和机器学习之间的关系如图 10-1 所示。

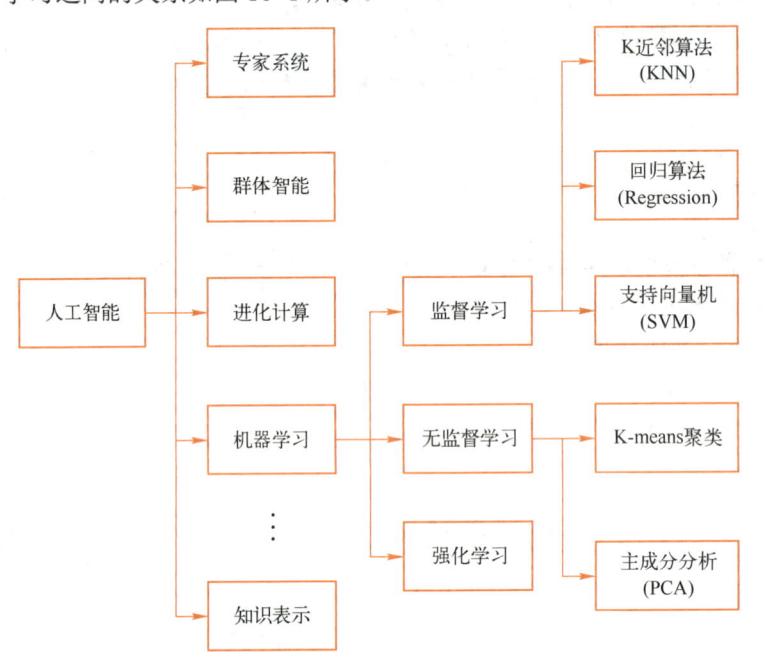

图 10-1 人工智能和机器学习之间的关系

很多第三方人工智能库可以帮助人工智能初学者和工程师快速上手并调用以实现需要的功能，如腾讯云平台、百度 AI 开放平台等。例如，要完成账号的注册和开发者认证，就可以调用百度 AI 平台提供的 API 来完成人工智能方面的实践和开发。如案例 10-1 所示，调用 API 实现汽车图片中车型的识别。

案例 10-1：车型识别（完整代码见网盘 10-1 文件夹）

```
In [1]: from aip import AipImageClassify    #导入百度人工智能库
In [2]: APP_ID = "16852637"                  #设置登录账号信息，此账号注册时提供
In [3]: API_KEY= "9Gf5VpxGZWDTmpK5AfXBw5dz"
```

```
In [4]: SECRET_KEY = "hntuKYl9KjzHFVMUeg0PiFREPjzGGmKL"
In [5]: client = AipImageClassify(APP_ID, API_KEY, SECRET_KEY)
In [6]: with open("汽车图片.jpg",'rb') as f:      #读取汽车图片
In [7]:     img1=f.read()
Out[8]: print(client.carDetect(image,options={"top_num":1})["result"][0]["name"])
#查看汽车图片车型识别结果
```

  百度 AI 开放平台还提供了其他接口供用户使用和实践，如菜品识别、货币识别、车票识别等。

  如果看到燕子低飞、蚂蚁搬家、蚊子群飞、乌云密布等生物特征和天气特征，那么要准备一把伞再出门，因为可能要下雨了。或者判断一个学生成绩优劣，可以从平时上课是否认真听讲、是否按时完成作业等特征来判断。人类对以往经验的积累和利用，将对新情况做出有效的决策。人类如此，机器学习也是如此，机器学习作为人工智能的一个分支，使用算法来解析数据（类似于人类的经验），模拟人类的学习行为，不断改善自身的性能，然后对真实世界中的事件做出决策和预测。传统的为解决特定任务而编程的软件程序只会一步步执行命令，与之不同的是，机器学习可以采用大量的数据而不是呆板的指令来训练和学习，寻找数据中隐藏的模式和规律，从而使机器学习模型具备了类似人的处理事情的能力，对测试数据进行分类或者预测。机器学习的应用领域很广泛，如无人驾驶、图像识别、数据挖掘、计算机视觉、推荐系统等。

  根据学习方式划分，即为了在建模和算法选择时根据输入数据来选择最合适的算法以获得最好的结果，机器学习分为监督学习、无监督学习和强化学习。

  1）监督学习。在监督学习下，输入数据被称为"训练数据"，每组训练数据都有一个明确的标识或结果，如可将人脸识别系统中的输入图片标识为"人脸"和"非人脸"，可将手写数字识别系统中的输入图片标识为 0，1，2，…，9，可对癌症识别系统中的输入数据标识为"良性"和"恶性"等。在分类或预测过程中，监督学习根据训练样本集建立一个学习模型，再根据此模型对测试样本集进行分类或预测，并根据结果不断地调整预测模型，直到模型的预测结果达到一个预期的准确率。常见的监督机器学习算法有 K 近邻算法（K-Nearest Neighbor，KNN）、逻辑回归（Logistic Regression，LR）、支持向量机（SVM）、贝叶斯（Bayes）算法和反向传递神经网络（Back Propagation Neural Network）等。

  2）无监督学习。与监督学习不同，无监督学习的好处是不需要标记数据就可以直接建模。它仔细研究训练集样本以发现样本集中的结构性知识，并根据共同特征将它们分为几类。例如，给你一堆打乱的扑克牌，但不给正确的分类标准，那么只能按照自己的标准进行分类，如按照花色分类或者按照数字分类。常见的无监督机器学习算法有主成分分析（PCA）、K-means 聚类算法等。

  3）强化学习。在强化学习下，输入数据直接反馈到模型，模型必须对此立刻做出调整。例如猜数游戏，程序会反馈你猜的数字比目标数字是"大了"还是"小了"，根据强化学习的提示，可以不断朝着目标方向前进。常见算法包括 Q-Learning 及时间差学习（Temporal Difference Learning）。

10.2　KNN 分类模型

10.2.1　算法简介

KNN 是监督机器学习中常用的分类算法，即 K 最近邻算法，其核心思想是，如果一个样本在特征空间中的 k 个最相似（即特征空间中最邻近）的样本中的大多数属于某一个类别，则该样本也属于这个类别。也就是说，该方法在决策上只依据最邻近的 k 个样本的类别来决定待分样本所属的类别。

这个算法的核心思想符合"物以类聚，人以群分"的哲学思想，例如，在你的微信朋友圈中，如果大多数朋友都是大学生，那么你很可能也是一名大学生。或者，如果你大学宿舍的舍友都是学霸，那么你大概率也会是学霸，因为可能被宿舍氛围所影响。再如，如果你家周围的邻居大多经济状况良好，那么你家的经济水平也大概率是良好的。图 10-2 描述了 KNN 算法的基本思想。

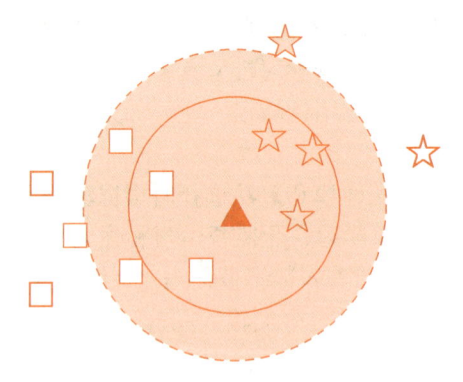

图 10-2　KNN 算法的基本思想

图 10-2 中，黑色三角形是待分类的样本，假设 k=5，那么 KNN 算法就会找到与它距离最近的 5 个样本（实线圆范围之内的 5 个样本），看看哪种类别多一些。比如图 10-2 中的五角星多一些（2 个正方形，3 个五角星），则待分类样本三角形将被分为五角星类别。但如果 k 的取值为 7，离黑色三角形距离最近的 7 个样本（虚线圆范围之内的 7 个样本）大多是正方形（4 个正方形，3 个五角星），所以待分类样本三角形将被分为正方形类别。

如前所述，KNN 算法的主要相关因素是 k 值的选取、距离的计算、分类决策规则及样本数量不平衡问题。对于 k 值的选取，一般是根据经验先从一个较小的值开始，通过交叉验证逐步增加取值，直到选取一个合适的 k 值为止。对于距离的计算，最常用的计算公式是欧式距离，以多维空间为例，两个 n 维向量 $\boldsymbol{x}$ 和 $\boldsymbol{y}$，两者的欧式距离定义为：

$$d(\boldsymbol{x},\boldsymbol{y})=\sqrt{(x_1-y_1)^2+(x_2-y_2)^2+\cdots+(x_n-y_n)^2}=\sqrt{\sum_{i=1}^{n}(x_i-y_i)^2} \qquad (10-1)$$

对于分类决策规则，一般都使用前面提到的多数表决法。

KNN 算法步骤描述如下：

1）选取 k 值（最好是奇数）。
2）根据距离公式，计算待分类点与已知类别的点之间的距离。
3）选取与待分类点距离最小的 k 个邻居点。
4）计算 k 个最近邻居点所在类别的数量。
5）待分类点的预测分类属于最多邻居点所在的类。

10.2.2 模型训练

工欲善其事，必先利其器。Sklearn 库基于 Python 的机器学习库，全称是 scikit-learn。该库集成了大量的机器学习方法、样例数据、数据预处理及帮助文档等，功能十分强大，特别适合初学者学习机器学习。在进行机器学习任务时，并不需要实现算法，只需要简单地调用 Sklearn 库中提供的模块就能完成大多数的机器学习任务。

scikit-learn 库提供了 sklearn.neighbors 包，用于上小节提到的 KNN 算法进行数据的分类和预测。sklearn.neighbors 包提供了 KNeighborsClassifier 类，用于数据的分类操作，还提供了 KNeighborsRegressor 类，用于数据的回归预测操作。

KNeighborsClassifier 类的使用很简单，主要是以下 5 步：

1）数据导入和预处理。
2）创建 KNeighborsClassifier 对象。
3）调用 fit() 函数进行训练操作。
4）调用 predict() 函数对训练好的模型进行预测。
5）对模型进行性能评估。

KNeighborsClassifier 类可以创建 KNN 分类器，基本使用语法如下：

class sklearn.neighbors.KNeighborsClassifier(n_neighbors=5, weights='uniform', algorithm='auto', leaf_size=30, p=2, metric='minkowski', metric_params=None, n_jobs=None, **kwargs)

相关参数及其功能如表 10-1 所示。

表 10-1 KNeighborsClassifier 类的相关参数及其功能

编号	参数	功能
1	n_neighbors	邻居数也就是 k 值，默认取值为 5
2	weights	预测中使用的权重函数，默认取值为 uniform 统一权重，即每个邻域中的所有点均被加权
3	algorithm	用于计算最近邻居的算法，默认取值 auto 将尝试根据传递给 fit() 方法的值来决定最合适的算法
4	leaf_size	叶大小传递给 BallTree 或 KDTree，默认取值为 30
5	p	默认是 2，使用欧式距离计算邻居距离

KNeighborsClassifier 类常用方法及其功能如表 10-2 所示。

表 10-2 KNeighborsClassifier 类常用方法及其功能

编号	方法	功能
1	fit(X,y)	X 作为训练数据，y 作为目标值进行模型训练
2	predict(X)	预测提供的数据的类标签
3	score(X, y[, sample_weight])	返回给定测试数据和标签上的平均准确率
4	predict_proba(X)	测试数据 X 的返回概率估计

10.2.3 算法应用实例

按照 KNN 算法分类运算步骤，本小节应用该算法解决以下问题，学生勤奋与否分类问题和经典的机器学习问题——鸢尾花分类问题。

先看第一个案例，如何判断学生是否勤奋学习，以便作为老师给出平时成绩的重要依据。根据此需求，挑选部分学生数据作为样本集，训练机器学习模型，然后用训练好的机器学习模型来预测更多学生的勤奋程度。笔者将本周学生自学时间（除上课外）长度、娱乐时间长度、逃课次数等作为特征，将是否勤奋作为标签，获取一些学生的样本数据来组成训练集。当然，特征还可以选取更多属性，这里仅列举这 3 个特征。标签值则由教师给定。部分学生样本数据如表 10-3 所示。

表 10-3 训练集部分样本数据

学生编号	自学时长	娱乐时长	逃课次数	"勤奋是否"标签
1	30	6	0	勤奋
2	35	10	0	勤奋
3	4	40	5	不勤奋
4	11	35	2	不勤奋
⋮	⋮	⋮	⋮	⋮

那么，如果某学生的自学时长为 28h，娱乐时长为 16h，逃课次数 3，那么该学生是勤奋呢，还是懒惰呢？本小节根据 KNN 算法原理，调用 Sklearn 库解决此分类问题，如案例 10-2 所示。程序的输出结果请读者自行实现。

案例 10-2：勤奋是否识别问题（完整代码见网盘 10-2 文件夹）

```
In [1]: import NumPy as np
In [2]: from sklearn import neighbors#导入机器学习库
#取得 KNN 分类器
In [3]: knn = neighbors.KNeighborsClassifier(n_neighbors=3)
In [4]: data = np.array([[30,6,0], [35,10,0], [38,8,2], [4,40,5], [11,35,2], [7,25,2]])#训练集取值
#标记分类，前 3 个是勤奋学生类，后 3 个是非勤奋学生类
In [5]: labels = np.array([1,1,1,2,2,2])
In [6]: knn.fit(data,labels)#导入数据进行训练
Out[6]: print(knn.predict([[28,16,3]]))#查看测试样本识别结果
```

第二个案例是鸢尾花分类问题。该问题所需要的数据由 Sklearn 库中的 datasets 模块提供，测量数据由花瓣的长度和宽度、花萼的长度和宽度（都以厘米为单位）作为特征。鸢尾花有 3 个品种，即山鸢尾（setosa）、变色鸢尾（versicolor）和维吉尼亚鸢尾（virginica），作为数据的标签（在数据集中，标签分别取值为 0、1、2）。目标是建立一个 KNN 机器学习模型来预测新鸢尾花样本的品种。

本节根据 KNN 算法原理，调用 Sklearn 库解决此鸢尾花分类问题。由于篇幅所限，这里只显示关键代码，完整代码见网盘 10-3 文件夹。如案例 10-3a 所示，首先加载鸢尾花数据集到程序中。

案例 10-3a：鸢尾花分类问题——加载鸢尾花数据

```
In [1]: from sklearn import datasets
In [2]: iris=datasets.load_iris()#加载鸢尾花数据
In [3]: iris_X=iris.data#取得数据集中的特征值
In [4]: iris_y=iris.target#取得数据集中的标签值
Out[4]: print(iris_X[:5,:])#输出数据的前 5 行特征值
Out[5]: print(iris_y [:5])#输出数据的前 5 行标签值
```

程序的输出结果为：

```
[[5.1 3.5 1.4 0.2]
 [4.9 3.  1.4 0.2]
 [4.7 3.2 1.3 0.2]
 [4.6 3.1 1.5 0.2]
 [5.0 3.6 1.4 0.2]]
[0 0 0 0 0]
```

运行结果分析：

该结果显示了前 5 行鸢尾花数据的特征值，例如，第 1 朵鸢尾花的花瓣长度为 5.1cm，花瓣宽度为 3.5cm，花萼长度为 1.4cm，花萼宽度为 0.2cm。其余鸢尾花数据取值以此类推。第 1 朵鸢尾花的标签值为 0，代表是 setosa 品种。

接着，把鸢尾花数据集分成训练集和测试集。训练集用于建立 KNN 分类模型，测试集用于评测分类效果。利用 scikit-learn 库中的 train_test_split()函数可以实现这个功能。这个函数将 70%的数据用作训练集，将 20%的数据用作测试集，如案例 10-3b 所示。

案例 10-3b：鸢尾花分类问题——训练集和测试集生成

```
In [1]: from sklearn.model_selection import train_test_split
In [2]: X_train,X_test,y_train,y_test =
#把数据集打乱顺序，分为训练集和测试集，其中测试集占 30%
train_test_split( iris_X,iris_y,test_size=0.3,random_state=0)
Out[3]: print(X_train.shape,y_train.shape)#训练集的大小
Out[4]: print(X_test.shape,y_test.shape)#测试集的大小
```

程序的输出结果为：

```
(105, 4) (105,)
(45, 4) (45,)
```

运行结果分析：

该结果显示了训练集 X_train 有 105 行数据，4 列特征；y_train 有 105 行数据，1 列标签。同理，训练集 X_test 有 45 行数据，4 列特征；y_test 有 45 行数据，1 列标签。

最后，根据训练集建立 KNN 模型，再用测试集测试 KNN 模型的性能，如案例 10-3c 所示。

案例 10-3c：鸢尾花分类问题——建立 KNN 模型和分类测试

```
In [1]: from sklearn.neighbors import KNeighborsClassifier#导入 KNN 模块
#建立 KNN 模型，邻居数目设置为 5
In [2]: knn=KNeighborsClassifier(n_neighbors = 5)
In [3]: knn.fit(X_train,y_train)#根据训练集训练模型
Out[3]: print(knn.predict(X_test))#输入测试集，输出测试集的预测标签值
Out[4]: print(y_test)#输出测试集的真实标签值
```

程序的输出结果为：

```
[2 1 0 2 0 2 0 1 1 1 2 1 1 1 1 0 1 1 0 0 2 1 0 0 2 0 0 1 1 0 2 1 0 2 2 1 0 2 1 1 1 2 0 2 0 0]
[2 1 0 2 0 2 0 1 1 1 2 1 1 1 1 0 1 1 0 0 2 1 0 0 2 0 0 1 1 0 2 1 0 2 2 1 0 1 1 1 1 2 0 2 0 0]
```

运行结果分析：

该结果第一行显示了根据测试集预测的分类标签值，第二行显示了测试集真实的分类标签值，只错了一个结果，可见分类准确率很高。

但可以通过 knn.score(X_test,y_test)来评价分类正确率，结果为 0.9777。另外，还可通过画图方式直观化显示 k 的取值对评价指标的影响，如案例 10-3d 所示。

案例 10-3d：鸢尾花分类问题——k 不同取值的影响

```
#k 折交叉验证模块
In [1]: from sklearn.model_selection import cross_val_score
In [2]: import matplotlib.pyplot as plt#导入 Matplotlib 画图模块
In [3]: k_range = range(1, 10)#k 取值范围
In [4]: k_scores = []#k 的不同取值对应的评价性能
In [5]: for k in k_range:
        knn = KNeighborsClassifier(n_neighbors = k)
        scores = cross_val_score(knn, iris_X, iris_y, cv = 10, scoring = 'accuracy')
        k_scores.append(scores.mean())
In [6]: plt.plot(k_range, k_scores)#横坐标是不同的 k 值，纵坐标是不同 k 值对应的评价性能，以折
#线图的形式展示结果
In [7]: plt.xlabel('K Value in KNN')
In [8]: plt.ylabel('Cross-Validation Mean Accuracy')
In [9]: plt.show()
```

程序运行结果如图 10-3 所示。

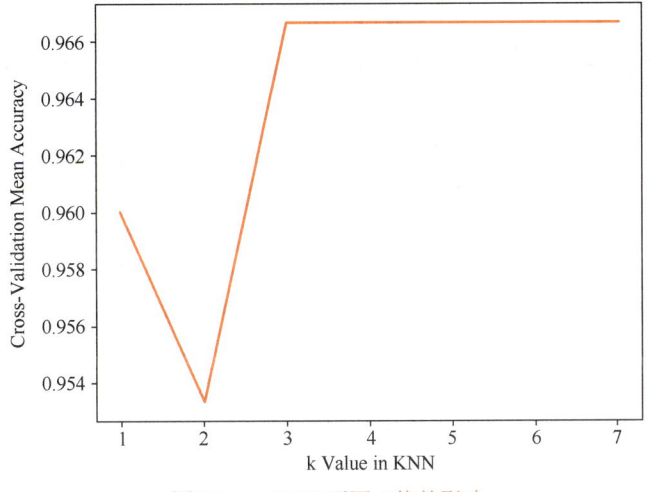

图 10-3　KNN 不同 k 值的影响

结果分析：该结果显示了对于鸢尾花分类问题，当 k 取值为 3 及以上时，分类性能指标最好，为 0.9777。

10.3　回归分类模型

10.3.1　算法简介

回归是统计学中最有力的工具之一，回归的目的就是建立一个回归方程来预测目标值，回归的求解就是求这个回归方程的回归系数。如果用来预测，回归系数乘以输入值再相加就得到了预测值。回归最简单的定义是，给出一个点集 D，用一个函数曲线去最大程度地拟合这个点集，并且使得点集与拟合函数间的误差最小。这样，如果给算法一个输入点，这条曲线就可以计算出这个点的相应输出值。现实生活中有很多符合回归原理的例子，比如给你一组历史气象数据，让你预测明天的气温，或者通过一组过去股票信息变化的数据，预测明天股票的增长情况等。气温变化图和股票增减曲线图都符合回归的思想，不管气温或者股票价值如何波动，大体上都围绕一条主轴函数曲线来回波动。

如果这个函数曲线是一条直线，那么就称为线性回归，它也是最简单的回归算法。线性回归中，当样本特征只有一个时，称为简单线性回归。例如，只以房子面积作为房子样本特征时，那么房子价格就和房子面积有正比关系。当样本特征有多个时，称为多元线性回归。例如，大学某学科期末成绩一般由 0.1×考勤+0.2×作业+0.2×课堂表现+0.5×考试成绩组成。如果函数曲线是一条二次曲线，就称为二次回归，这种非线性的回归如逻辑回归。

以简单线性回归为例，给出多个样本集合 X，每个样本只有一个特征 x_i、一个标签 y_i。假定 x 和 y 之间具有类似于线性的关系，就可以使用简单线性回归算法进行拟合和预测新样本的标签值。其线性回归公式如下：

$$z_i = ax_i + b \qquad (10\text{-}2)$$

如图 10-4 所示，横坐标表示 x，纵坐标表示 y，设置好系数 a 和 b 的值，就可以用直线拟合这些样本。最好的情况是这条直线距离每个样本点都很近，甚至所有的点都落在这条直线上（但是多数情况下都不现实）。以第一个样本 x_1 为例，根据式（10-2）可得到预测值 z_1，而它的真实值是 y_1，很明显两者之间存在着一定的误差。因此，需要仔细设置系数 a 和 b 的值，让这些点尽量离找到的直线近一点，即保证每个样本点和直线的距离总和最小。

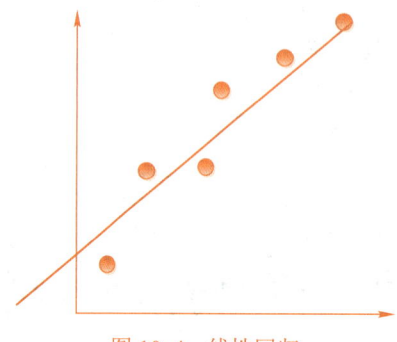

图 10-4　线性回归

为了让预测值和真实值尽可能小，一般用损失函数表示这个差距。那么如何设置 a 和 b 的值而让损失函数最小？一般采用最小二乘法或者梯度下降法解决此问题。损失函数公式如下：

$$Loss = \sum_{i=1}^{m}(y_i - ax_i - b)^2 \qquad (10\text{-}3)$$

10.3.2　模型训练

scikit-learn 机器学习库提供了 sklearn.linear_model 包用于回归算法进行数据的预测。sklearn.linear_model 包提供了 LinearRegression 类用于线性回归预测操作，还提供了 LogisticRegression 类用于逻辑回归预测操作。

LinearRegression 类的使用很简单，主要是以下 5 步：

1）数据导入和预处理。
2）创建 LinearRegression 对象。
3）调用 fit() 函数进行训练操作。
4）调用 predict() 函数对训练好的模型进行预测。
5）对模型进行性能评估。

LinearRegression 类可以创建线性回归分类器，基本使用语法如下：

> class sklearn.linear_model.LinearRegression(fit_intercept=True, normalize=False, copy_X=True, n_jobs=1)

相关参数及其功能如表 10-4 所示。

表 10-4　LinearRegression 类相关参数及其功能

编号	参数	功能
1	fit_intercept	是否计算截距，默认为计算
2	normalize	标准化开关，默认关闭。该参数在 fit_intercept 设置为 True 时，回归会标准化输入参数

LinearRegression 类的常用方法及其功能如表 10-5 所示。

表 10-5　LinearRegression 类常用方法及其功能

编号	方法	功能
1	fit(X,y, sample_weight=None)	X 作为训练数据，y 作为目标值进行模型训练，sample_weight 作为每条测试数据的权重，同样以矩阵方式传入
2	predict(X)	预测提供的数据的类标签
3	score(X, y[, sample_weight])	返回给定测试数据和标签上的平均准确率
4	get_params(deep=True)	返回对 regressor 的设置值

10.3.3　算法应用实例

按照上小节的线性回归算法预测运算步骤，本小节解决课堂表现成绩预测问题和波士顿房价预测问题。

案例 1：课堂表现成绩预测问题。某大学的某科期末成绩由 0.1×考勤+0.2×作业+0.2×课堂表现+0.5×考试成绩组成。本学期课堂表现成绩的高低将由学生在课堂上当堂回答问题的个数决定，每次课老师都按顺序提问学生，并记录每个学生是否正确回答了该问题，最后期末汇总每个学生正确回答问题的个数。根据此需求，将本学期部分学生课堂正确回答问题的个数作为特征，将老师给分作为标签，获取一些学生的样本数据来组成训练集。部分学生样本数据如表 10-6 所示。

表 10-6　训练集部分学生样本数据

编号	正确回答问题个数	老师给分标签
1	10	5
2	9	4
3	6	3
4	3	2
5	1	1

那么，如果某学生在本学期共正确回答了 5 个问题，那么该学生的课堂表现成绩是多少？本小节根据线性回归算法原理，调用 Sklearn 库解决此分类问题，如案例 10-4 所示。

案例 10-4：课堂表现成绩问题（完整代码见网盘 10-4 文件夹）

```
In [1]: import matplotlib.pyplot as plt    #引用 Matplotlib 库，主要用来画图
In [2]: from sklearn import linear_model    #导入机器学习库
In [3]: x=[[10],[9],[6],[3],[1]]            #训练集的特征值
```

```
In [4]: y=[[5],[4],[3],[2],[1]]              #训练集的标签值
In [5]: model=linear_model.LinearRegression()
In [6]: reg=model.fit(x,y)                   #导入数据进行训练
Out[6]: print(reg.predict([[5]]))            #查看测试样本识别结果
Out[7]: print(model.score(x,y))              #查看模型性能指标
Out[8]: print(model.intercept_[0])           #查看一元线性方程的截距 b
Out[9]: print(model.coef_[0][0])             #查看一元线性方程的系数 a
#画图展示该模型
In [7]: plt.scatter(x,y,color="red")         #把样本点画在图上
In [8]: plt.plot(x,reg.predict(x), color='blue')  #把预测直线画在图上
#解决 Matplotlib 不能正确显示中文字体的问题
In [9]: from matplotlib.font_manager import FontProperties
In [10]: font = FontProperties(fname= r"c:\windows\fonts\simsun.ttc", size=14)
In [11]: plt.xlabel('回答正确问题的个数', fontproperties=font)   #x 轴标签
In [12]: plt.ylabel('课堂表现成绩', fontproperties=font)       #y 轴标签
In [13]: plt.show()      #展示图
```

程序的输出结果为：

本学期正确回答 5 个问题的同学课堂表现成绩是 2.67
本模型性能指标是： 0.9795918367346939
0.6326530612244898
0.40816326530612246

线性回归模型对应的折线图如图 10-5 所示。

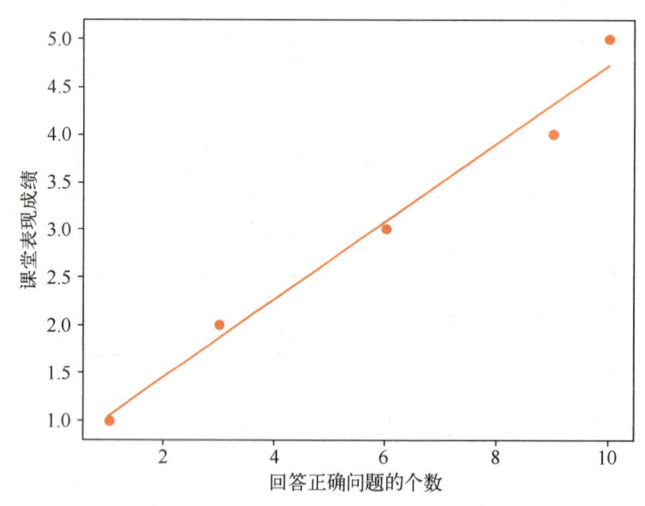

图 10-5 课堂平时成绩线性回归模型对应的折线图

案例 2：波士顿房价预测问题。房价的高低受多个因素影响，如房子所处的城市情况、房子周边交通方便的程度、房子的面积、小区治安情况等，这些都影响了房子的价格。该问题所需要的数据由 Sklearn 库中的 datasets 模块提供，有 506 套房屋的数据，每个房屋样本都

有 13 个特征值，如 CRIM（城镇人均犯罪率）、ZN（住宅用地所占比例）、NOX（环保指数）、RM（每栋住宅的房间数）等。本案例的目标是建立一个线性回归机器学习模型来预测新待售房子样本的价格。

本节根据回归算法原理，调用 Sklearn 库解决此房价预测问题。由于篇幅所限，这里只显示关键代码，完整代码见网盘 10-5 文件夹。如案例 10-5a 所示，首先加载房子数据集到程序中。

案例 10-5a：房价预测问题——加载房价数据

```
In [1]: from sklearn.datasets import load_boston
In [2]: boston=load_boston() #加载波士顿房价数据
Out[2]: print(boston.feature_names) #特征标签名字
Out[3]: print(boston.data.shape)#输出数据矩阵大小
```

程序的输出结果为：

```
['CRIM' 'ZN' 'INDUS' 'CHAS' 'NOX' 'RM' 'AGE' 'DIS' 'RAD' 'TAX' 'PTRATIO' 'B' 'LSTAT']
(506, 13)
```

运行结果分析：

该结果显示了波士顿房子数据集有 506 行、14 列（13 列是特征值，1 列是房价结果标签值），还显示了 13 列特征的名字。

接着把波士顿房子数据集分成训练集和测试集。训练集用于建立线性回归预测模型，测试集用于评测预测效果。利用 scikit-learn 库中的 train_test_split()函数可以实现这个功能。这个函数将 70%的数据用作训练集，将 30%的数据用作测试集，如案例 10-5b 所示。

案例 10-5b：房价预测问题——训练集和测试集生成

```
In [1]: from sklearn.model_selection import train_test_split
In [2]: X_train,X_test,y_train,y_test =
#把数据集打乱顺序，分为训练集和测试集，其中测试集占了 30%
train_test_split( iris_X,iris_y,test_size=0.3,random_state=0)
Out[3]: print(X_train.shape,y_train.shape)#训练集的大小
Out[4]: print(X_test.shape,y_test.shape)#测试集的大小
```

程序的输出结果为：

```
(354, 13) (354,)
(152, 13) (152,)
```

运行结果分析：

该结果显示了训练集 X_train 有 354 行数据，13 列特征；y_train 有 354 行数据，1 列标签。同理，测试集 X_test 有 152 行数据，13 列特征；y_test 有 152 行数据，1 列标签。

最后，根据训练集建立线性回归模型，再用测试集测试线性回归模型的性能，如案例 10-5c 所示。

案例 10-5c：房价预测问题——建立模型和预测测试

```
#导入线性回归模块
In [1]: from sklearn.linear_model import LinearRegression
In [2]: model=LinearRegression()#建立线性回归模型
In [3]: model.fit(X_train,y_train)#根据训练集训练模型
In [4]: train_score=model.score(X_train,y_train) #训练集评测指标
In [5]: cv_score=model.score(X_test,y_test) #测试集评测指标
Out[5]: print('train_score:{1:0.6f};cv_score:{2:.6}'.format(train_score,cv_score))
```

程序的输出结果为：

```
train_score:0.741903;cv_score:0.71479
```

运行结果分析：

使用 score(X_test, y_test)来评价预测测试集正确率，结果为 0.71。可见，线性回归模型准确率有待提高，读者可以尝试上节讲过的 KNN 模型预测。或者，也可以从优化特征值开始。有些特征和结果的相关性高，有些的相关性不高，甚至会拉低模型的评价指标。所以，通过图形查看哪个特征对预测结果的正作用大，并把起负作用的特征去掉，以提高模型评价指标，如案例 10-5d 所示。

案例 10-5d：房价预测问题——不同特征的相关性

```
In [1]: from matplotlib import pyplot as plt#导入 Matplotlib 画图模块
In [2]: for i in range(13):
            plt.subplot(7,2,i+1)
            plt.scatter(x[:,i],y,s=20)
            plt.title(boston.feature_names[i])
            plt.show()
```

程序运行结果如图 10-6 所示。

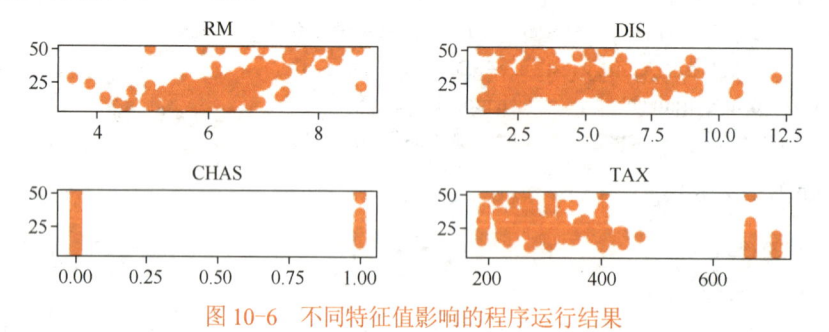

图 10-6 不同特征值影响的程序运行结果

运行结果分析：

该结果显示了不同特征对于预测问题的影响，可见 RM（每栋房子的房间数）比较符合线性回归模型要求，CHAS（虚拟变量）对评价性能负作用的影响明显。读者可以自行删减某些特征，再运行线性回归模型，看是否可以提高性能指标。

10.4 案例——短文本作者性别识别

10.4.1 问题描述

短文本多出现在微博等社交媒体中，微博是一种基于用户关系信息分享、传播及获取的通过关注机制分享简短实时信息的广播式的社交媒体、网络平台。用户可以通过 Web、App、聊天软件，并用计算机、手机等多种移动终端，发布文字、图片、视频等多媒体形式，实现信息的即时分享、传播和互动。常见的微博平台如国外的 twitter、国内的新浪微博等。本案例的目标是建立一个机器学习模型以识别某短文本的作者性别。

本节根据回归算法原理，调用 Sklearn 库解决此性别识别问题。由于篇幅所限，这里只显示关键代码，完整代码见网盘 10-6 文件夹。本案例识别过程主要是以下 5 步：

1）准备好数据集并预处理。
2）根据选取的特征项，计算数据集特征值并保存为文件形式。
3）建立机器学习模型，进行训练。
4）调用 predict()函数对训练好的模型进行分类识别。
5）对模型进行性能评估。

10.4.2 特征值计算

第 1 步，本案例的数据集以 .xls 文件形式保存，通过采集网上的信息，共收集了 50 条男性作者的短文本微博内容和 50 条女性作者的短文本微博内容。数据集由两列组成，第 1 列是人名，第 2 列是微博短文本评论，不同性别的数据在不同的 Excel 表中。部分数据集内容如图 10-7 所示。

人名	微博评论
刘丽娜	诸葛亮真是一个超级帅，而且巨有魅力的男生，被圈粉了。
李佳琪	用十个由腾抗方法阻止韩脑黑阳令奉，果然古铜也里点台找
钟丽丽	一周年快乐，爱你呦。@天哥
黄宁柠	拿着果冻口红和我小弟说那是润唇膏，然后他涂得可红了
吴燕	今天在火车站遇见一个男的，一直跟着我，吓得我打车走了
杨明明	半夜醒了，忘了我男朋友叫啥名字了，拿起手机看聊天记录，终于想起来了
薛玲	想嫁给会做饭的男人。。。失败了，这世上没有会做饭的男人
钟艳丽	在家试了下高跟鞋，忽然间有种长大要嫁人的感觉。
黄小娥	减肥。我要瘦成一道闪电，照亮我整个夏天⋯
白海燕	整个宿舍都脱单了，只有我还没有男朋友，我哭了，她们居然一边安慰我，一边发朋友圈我的哭照，我岂不是更找不到了
李丁	为了那些漂亮裙子我要减肥，赶紧趁现在我还肉肉的，给我买吃的吧
景娟	有一种女汉子叫软件专业的女生。

图 10-7 部分数据集内容

第 2 步，本案例选取了姓名类、脏话类、体育运动类和逛街类作为 4 大特征集，每一类特征集又包括一些具体的特征项，然后计算这些特征项在文本中出现的频率以作为特征值进行保存，以备下一步的模型训练和分类。姓名类中的名字带有很强烈的性别特征，如"娜""嫣""慧"等，对分类有明显的正作用。特征集的部分特征项如表 10-7

所示。

表 10-7 特征集的部分特征项

编号	特征集	特征项
1	姓名类	娟、姗、婷、娜、妃、娇、嫔、秀、美、慧、馨、敏、淑、静等
2	脏话类	不文明语言请读者自己搜集，本书不举例子
3	体育运动类	腹肌、强壮、俯卧撑、冷水澡、光头、小宇宙、篮球、打球、撸铁、足球
4	逛街类	高跟鞋、逛街、口红、乳液、面膜、唇膏、耳洞、体型裤、美甲、猪猪女孩

第 3 步，计算特征值。方法是读取包含数据集的 Excel 表，返回男性的短文本列表和女性的短文本列表。再对列表进行处理，计算每个特征的特征值，把最后的特征值保存为一个 Excel 表，以进行模型训练。在姓名类特征值的计算中，如姓名列中出现了姓名类特征项，则将该文本的特征值赋值为 0，否则赋值为 1。其他类别特征值计算同理。相关关键性代码如案例 10-6a 和 10-6b 所示。

案例 10-6a：特征值计算问题——读取数据集文件返回列表

```
In [1]: #从.xls 表中读取学生数据，并返回男、女列表（姓名,成绩）
def getnamelist():
    boyset={}
    girlset={}
    rd = xlrd.open_workbook("数据集.xls")
    sheets = rd.sheet_names()#获取所有 Sheet 名
    #通过 Sheet 获取名为"男"的表
    table1 = rd.sheet_by_name("男")
    #通过 Sheet 获取名为"女"的表
    table2 = rd.sheet_by_name("女")
    for i in range(1,50):#使用一个循环将 Excel 的数据按照男女不同保存到集合列表中，只取名字和分数
        boyset.update({table1.cell(i, 0).value: table1.cell(i,1).value})
        girlset.update({table2.cell(i, 0).value: table2.cell(i,1).value})
    return boyset, girlset
```

案例 10-6b：特征值计算问题——计算特征值并保存

```
...
#创建特征值表和设置表头
In [1]: workbook = xlwt.Workbook(encoding = 'utf-8')
In [2]: worksheet = workbook.add_sheet('特征值表') #创建一个 worksheet
In [3]: worksheet.write(0, 0, label = '姓名')#创建特征值表标题名
In [4]: worksheet.write(0, 1, label = '姓名特征值')
In [5]: worksheet.write(0, 2, label = '脏话特征值')
In [6]: worksheet.write(0, 3, label = '运动特征值')
In [7]: worksheet.write(0, 4, label = '逛街特征值')
In [8]: worksheet.write(0, 5, label = '分类标签')
```

```
#设置分类特征项
femalename=["娟","姗","婷","娜","妃","娇","嫔","秀","美","慧","馨","敏","淑","静","洁","玲",…]
shitlst=["坏人",…]
playlst=["腹肌","强壮","俯卧撑",…]
shoplst=["高跟鞋","逛街","口红","乳液",…]
In [9]: #计算男性的特征值
for key,value in boyset.items():
        #把姓名写入文件
        worksheet.write(i, 0, label = key)
        worksheet.write(i, 5, label = 1)#分类结果，男性
        #现在是男性姓名特征值计算，包含 femalename 特征则赋值 0，否则赋值 1
        if key[-1] in femalename or key[-2] in femalename:
            worksheet.write(i, 1, label = 0)
        else:
            worksheet.write(i, 1, label = 1)
        #现在计算脏话特征值，包含则赋值 1，否则赋值 0
        for sh in shitlst:
            if sh in value:
                temp=1
        worksheet.write(i, 2, label = temp)
…
```

程序运行结果保存为.xls 文件，部分特征值表如图 10-8 所示。

姓名	姓名特征值	脏话特征值	运动特征值	逛街特征值	分类标签
张飞	1	1	0	0	1
鲁智深	1	0	1	0	1
许褚	1	1	0	0	1
典韦	1	1	1	0	1
关羽	1	0	1	0	1
武松	1	1	0	0	1
李逵	1	1	0	0	1
甄姬	0	0	0	0	0
安琪拉	1	0	0	1	0
甄嬛	1	0	0	1	0

图 10-8　部分特征值表

10.4.3　模型应用

上一小节生成了特征值表.xls 文件，本小节首先读取.xls 文件并转化为.csv 文件，以便下一步的处理。关键性代码案例 10-6c 所示。

案例 10-6c：模型应用问题——转化文件格式

```
…
#把特征值表.xls 文件转化为 CSV 文件
In [1]: workbook = xlrd.open_workbook('特征值表单.xls')
In [2]: table = workbook.sheet_by_index(0)
In [3]: with codecs.open('1.csv', 'w', encoding='GB18030') as f:
```

```
In [4]:      write = csv.writer(f)
In [5]:      for row_num in range(table.nrows):)
In [6]:          row_value = table.row_values(row_num)
In [7]:          write.writerow(row_value)
```

接着，读取.csv 文件及.csv 文件中的数据，并按比例分为训练集和测试集。关键性代码案例 10-6d 所示。

案例 10-6d：模型应用问题——生成训练集和测试集

```
...
In [1]: import NumPy as np
In [2]: data = np.genfromtxt('1.csv', delimiter=',')
In [3]: x = data[:, :4]    #数据特征
In [4]: y = data[:, 4].astype(int)    #标签
In [5]: X_train, X_test, y_train, y_test=train_test_split(x, y, test_size=.3)
...
```

最后，建立 KNN 机器学习模型，利用训练集训练模型，并用测试集评价模型性能指标。关键性代码案例 10-6e 所示。

案例 10-6e：模型应用问题——训练 KNN 模型

```
...
In [1]: from sklearn.neighbors import KNeighborsClassifier#导入 KNN 模块
In [2]: knn=KNeighborsClassifier(n_neighbors = 3)
In [3]: knn.fit(X_train,y_train)
Out[3]: print(knn.predict(X_test))   #输出测试集的预测分类结果
Out[3]: print(y_test) #输出测试集的真实分类结果
In [4]: scores = cross_val_score(knn,X_train, y_train, cv = 3, scoring = 'accuracy')#交叉验证，每次都打乱顺序生成训练集和测试集，再进行模型的测试
Out[4]: print (scores) #输出 3 次交叉验证的准确率
...
```

程序运行结果为：

```
[0 1 0 0 1 1 1 1 0 0 1 0 1 1 0]
[0 1 0 0 1 1 1 1 0 0 1 0 1 1 0]
[1.  1.  0.8]
```

运行结果分析：

该结果显示了 KNN 模型对文本作者性别识别问题的准确率较高，共进行了 3 次运算，2 次是 100%识别正确。读者可以加入更多机器学习模型和调整特征项，以对比模型性能优劣和特征项目的相关性。

近年来，随着信息技术的飞速发展，人工智能中的人脸识别逐步渗透到人们生活的方方面面。人脸识别技术在诸多领域发挥着巨大作用的同时，也存在被滥用的情况。2021 年 7 月 28 日，最高人民法院发布司法解释，对人脸识别进行规范。解释明确规定，在宾馆、商场、

银行、车站、机场、体育场馆、娱乐场所等经营场所、公共场所违反法律、行政法规的规定使用人脸识别技术进行人脸验证、辨识或者分析，应当认定属于侵害自然人人格权益的行为。因此在享受人工智能带来的便利的同时，要学会遵守行业规范，保护自身信息安全。

10.5 习题

1．什么是人工智能和机器学习？请描述人工智能在生活中的应用。

2．你对 BAT（百度、阿里、腾讯）了解吗？你知道它们在人工智能方面做了哪些努力吗？请列举出来。最后对比美国的谷歌公司在人工智能研究方面的贡献。

3．请在百度大脑中注册你的开发者账号，然后挑选一个案例实现。

4．请描述你的 Sklearn 库安装过程，并发到你的技术博客或者朋友圈中。

5．请查询说明 KNeighborsClassifier()函数的输入参数含义和默认值。

6．请调用本章讲过的机器学习模型实现鸢尾花分类实验，并比较各算法的分类性能。

7．你觉得哪些因素会影响 KNN 算法的评价指标，请描述出来。

8．请简单描述什么是线性回归？在日常生活中有哪些应用？

9．请分别描述 KNN 算法、回归算法、K-means 算法的优势和劣势。

10．除了本章提到的机器学习算法，请自学其他常用机器学习算法，如贝叶斯算法、支持向量机算法（SVM）、决策树算法等，并简要介绍其原理和用 Python 实现算法的某一方面的应用。

11．请对本章的综合案例——短文本作者性别识别进行代码优化和系统重构，并增加更多机器学习算法模型，对比各机器学习模型的性能优劣。

第 11 章　综合案例——小说自然语言处理

本章导读

自然语言处理是计算机科学领域与人工智能领域中的一个重要方向，它研究能实现人与计算机之间用自然语言进行有效通信的各种理论和方法，是一门融语言学、计算机科学、数学于一体的科学。

本章主要介绍利用自然语言处理技术和可视化技术对四大名著之一的《三国演义》执行分词、词频统计、人物统计、地名统计等操作，理解并掌握 jieba 库、Matplotlib 库等第三方库。

学习目标

1. 理解自然语言处理的相关知识
2. 掌握 jieba 分词的使用方法
3. 掌握可视化库 Matplotlib 的使用方法
4. 掌握词云绘制方法
5. 掌握小说自然语言处理的步骤和实现

11.1　自然语言处理概述

自然语言处理（Natural Language Processing，NLP）简单来说就是用计算机来处理、理解以及运用人类语言（如中文、英文等）的技术，是计算机科学领域、语言学与人工智能领域相互交叉的一个重要研究方向。由于自然语言是人类区别于其他动物的重要标志，所以自然语言处理是人工智能的最高境界和终极任务。也就是说，只有当计算机具备了处理自然语言的能力时，接收用户自然语言形式的输入，并在内部通过人类所定义的算法进行加工、计算等系列操作，模拟人类对自然语言的理解，并返回用户所期望的结果，机器才算实现了真正的智能。正如机械解放人类的双手一样，自然语言处理的目的在于用计算机代替人工来处理大规模的自然语言信息，真正实现"所想即所得"，从而解放人类的头脑。

但是自然语言处理领域的研究非常困难，目前还远未达到能够取代人类的水平。例如，有的智能产品，多交流几句就会出现啼笑皆非的回答。造成如此困境的根本原因之一就是，自然语言文本和对话的各个层次上广泛存在的各种各样的歧义性或多义性。同一句话，在不同的场景或不同的语境下，可以理解成不同的词串、词组串等，并有不同的意义，如"乒乓球拍卖完了"。要消解歧义，是需要大量的知识和推理规则的，而如何收集和整理这些知识并输入计算机系统中去，在计算机中以何种形式保存，以及如何有效地利用它们来消除歧义，都是工作量极大且十分困难的工作。

从研究内容来看，自然语言处理包括分词、词性标注、命名实体识别、语法分析、语义分析、指代消歧、文本生成、关键字抽取等。它涉及与语言处理相关的数据挖掘、机器学习、知识获取、知识工程、人工智能和语言学研究等。

从应用领域来看，自然语言处理的应用非常广泛，主要包括：

1）语言翻译。翻译是将一种语言自动转换成另一种语言，同时保持原意不变。常见的翻译工具有百度翻译、谷歌翻译、有道翻译等，它们背后的技术就是自然语言处理和人工智能，多采用词典、规则推理和神经网络实现。

2）社交媒体监控。如今，越来越多的人开始使用社交媒体（如微博、微信朋友圈、博客、论坛等）发布对某一特定产品、政策或事项的看法。这些信息可能包含一些关于个人隐私的有用信息，因此，分析这些非结构化数据有助于生成有价值的信息，企业和国家均可通过各种 NLP 技术分析社交媒体数据，了解客户对其产品的好恶，识别危险言论等。

3）聊天机器人。对任何公司来说，客户服务和体验是最重要的。但与每个客户进行人工交互并解决问题，既乏味又人力成本巨大。所以，聊天机器人可以帮助解决客户的基本查询和常见问题的解答，以减少客户等待时间，避免客户产生焦躁情绪。现在，借助自然语言处理技术，聊天机器人广泛应用于各个场合，如小爱同学、Siri、公务大厅的查询机器人等。

4）文本分类/情感分析。文本分类/情感分析目前较为成熟，难点在于多标签分类（即一个文本对应多个标签，把这些标签全部找到）以及细粒度分类（二级情感分类精度很高，即好、中、差三类，而五级情感分类的精度仍然较低，即好、较好、中、较差、差）。

5）信息抽取。从不规则文本中抽取想要的信息，包括命名实体识别、关系抽取、事件抽取等。

另外，还有更多的应用领域，如拼写检查、智能招聘/求职、搜索自动更正和自动完成、语音识别与合成、关键词提取和搜索、舆情分析、同义词查找和替换等。

常见的自然语言处理平台，如语言技术平台（Language Technology Platform，LTP），是哈尔滨工业大学社会计算与信息检索研究中心历时 10 年开发的一整套中文语言处理系统。LTP 制定了基于 XML 的语言处理结果表示，并在此基础上提供了整套自底向上的丰富且高效的中文语言处理模块（包括词法、句法、语义等 6 项中文处理核心技术），以及基于动态链接库（Dynamic Link Library，DLL）的应用程序接口、可视化工具，并且能够以网络服务（Web Service）的形式进行使用。类似的平台还有百度大脑 AI 开放平台、讯飞开放平台、腾讯云自然语言处理平台等。

11.2 案例问题描述

我国四大名著具有较高的文学价值，反映了作者对宗教、文化、社交和政治的认识，全面描述了作者所处年代的人际关系和社会制度。如果对四大名著进行数据分析，那么将具有很强的研究价值。例如，通过数据分析将人物之间或深或浅的关联程度呈现在读者面前，使其更容易抓住书中的主要脉络，增强了带入感。还可以通过可视化输出，让读者对书中人物的饮食文化和使用的武器类型一目了然。还能对人名、地名出场次数进行分析，从而吸引读者的关注，让读者对这些高频率词汇更加敏感，以便更好地记忆书中的内容等。

本案例以四大名著之一的《三国演义》为自然语言处理对象，主要处理内容包括文件读取和分词，统计词频，词性分析，绘制词云，去掉停用词，人名、地名统计和数据可视化等。

11.3 分词词性和词频统计

11.3.1 分词简介和使用

扫码看视频

与英文不同，中文自然语言处理面临的第一个问题就是分词。分词指的是将一句话切分成一个个词的组合序列。例如，英文语句的分词是基于自然的分隔符"空格"对句子进行切分，对于中文来说，语句中的词之间没有明显的自然分界符，因此需要一定的规则将字串切分为词串。

分词是自然语言处理技术的基础构成之一，并且是其他技术的基础。其他的技术，如词性标注、命名实体识别、句法分析、语义分析等，都依赖对句子进行正确的分词。对中文来说，不正确的分词将会导致歧义，如下面的几句，分词不当就容易导致歧义。

原句：下雨天留客天留人不留。

句子分词1：下雨天，留客天，留人？不留！

句子分词2：下雨天留客，天留人不？留！

原句：每天膳食无鸡鸭亦可无鱼肉亦可青菜一碟足矣。

句子分词1：每天膳食，无鸡鸭亦可，无鱼肉亦可，青菜一碟足矣。

句子分词2：每天膳食，无鸡，鸭亦可；无鱼，肉亦可；青菜一碟，足矣。

原句：儿的生活好痛苦也没有粮食多病少挣了很多钱。

句子分词1：儿的生活好痛苦！也没有粮食，多病，少挣了很多钱。

句子分词2：儿的生活好，痛苦也没有，粮食多，病少，挣了很多钱。

还有一些语义歧义是无法用分词解决的，比如"他谁都认识"，可能语义是他认识很多人，另一种可能语义是他很有名、谁都认识他。

Python提供的中文分词处理工具主要有以下几种：jieba分词、NLTK、THULAC等。本案例以 jieba 分词作为工具进行小说分词、标注词性和统计词频。jieba 分词是基于 Python 的中文分词工具，安装和使用非常方便，上手相对比较轻松，使用人数众多，而且功能强悍。jieba 分词依靠中文词库，确定汉字之间的关联概率，这种分词方式存在一定弊端，但可以采用去停用词这一方式进行弥补。除了去停用词，用户还可以添加自定义的词典。

首先，jieba 分词的安装方式为：

```
pip install jieba
```

接着，jieba 分词共分为 3 种模式：精确模式（默认）、全模式和搜索引擎模式。案例 11-1 对这三种模式分别介绍。

案例 11-1：jieba 分词模式问题（完整代码见网盘 11-1 文件夹）

```
In [1]: import jieba
In [2]: article="大家好，我最近写了一本机械工业出版社出品的 Python 教材，请大家多多宣传"
In [3]: word1 = jieba.cut(article, cut_all = True)#全模式分词
Out[3]: print(' '.join(word1))#输出分词结果
In [4]: word2= jieba.cut(article, cut_all = False)#精准模式分词
Out[4]: print(' '.join(word2))#输出分词结果
In [5]: word3 = jieba.cut_for_search(article)#搜索引擎模式分词
Out[5]: print(' '.join(word3))#输出分词结果
```

程序运行结果为：

```
大家 好  我 最近 写 了 一本 本机 机械 机械工业 工业 出版 出版社 出品 的 Python 教材 请 大家 多多 宣传
大家 好， 我 最近 写 了 一本 机械 工业 出版社 出品 的 Python 教材，请 大家 多多 宣传
大家 好， 我 最近 写 了 一本 机械 工业 出版 出版社 出品 的 Python 教材，请 大家 多多 宣传
```

运行结果分析：

由运行结果可知，全模式分词是把句子尽可能多地划分成各个词语；精准模式分词是默认分词方式，每个词条只出现一次；搜索引擎模式分词有利于搜索。另外，因为分词结果返回一个分类器数据结构形式，所以必须用 join() 函数连接各个分词才能输出。

但是，我们可以看到，分词结果并不精准，如"机械工业出版社"应该是一个词条，不能拆分开。因为 jieba 分词自带的词典并不全面，一些专业词条或者新词不能被识别，因此读者可以使用用户自定义词典来提高分词的准确性。使用方法是新建一个 userdict.txt 文本文件，把自定义词语保存在文件中，每个词条一行，如本例中的"机械工业出版社"和"写了"。再通过以下代码载入用户自定义词典，就可以准确分词了。案例 11-2 是加载用户自定义词典后再分词。

案例 11-2：jieba 分词用户自定义词典（完整代码见网盘 11-2 文件夹）

```
In [1]: import jieba
In [2]: article="大家好，我最近写了一本机械工业出版社出品的 Python 教材，请大家多多宣传"
In [3]: jieba.load_userdict("userdict.txt")#加载自定义词典
In [4]: words = jieba.cut(article)#分词
```

175

Out[4]: print(' '.join(words))#输出分词结果

程序运行结果为:

> 大家 好 , 我 最近 写了 一本 机械工业出版社 出品 的 Python 教材 , 请 大家 多多 宣传

运行结果分析:

由运行结果可知,加入了用户自定义词典后,分词结果显然是正确的。

11.3.2 词性和词频计算

每个词语都有词性,如名词(机械工业出版社、苹果、教材等)、动词(打球、跑步、爬行等)、形容词(高、瘦、胖等)、代词(你、我、他)、副词(很、非常、有点)等。很多时候需要把分词结果按照词性分类,以便去掉无用词语。比如语料预处理时经常去掉一些停用词,如语气词、标点符号等。jieba 分词提供了 posseg 包,可以对分词标注词性,如案例 11-3a 所示。

案例 11-3a:标注词性问题(完整代码见网盘 11-3 文件夹)

In [1]: import jieba
In [2]: import jieba.posseg as psg
In [3]: article="大家好,我最近写了一本机械工业出版社出品的 Python 教材,请大家多多宣传"
In [4]: jieba.load_userdict("userdict.txt")
Out[4]: print([(x.word,x.flag) for x in psg.cut(article)])

程序运行结果为:

[('大家', 'n'), ('好', 'a'), (', ', 'x'), ('我', 'r'), ('最近', 'f'), ('写了', 'x'), ('一本', 'm'), ('机械工业出版社', 'x'), ('出品', 'n'), ('的', 'uj'), ('Python', 'eng'), ('教材', 'n'), (', ', 'x'), ('请', 'v'), ('大家', 'n'), ('多多', 'm'), ('宣传', 'vn')]

运行结果分析:

由运行结果可知,"大家"词条词性是 n(名词),"我"词条词性是 r(代词),"最近"词条词性是 f(方位词),"一本"词条词性是 m(数词)等。但是我们新加入的词条"写了"和"机械工业出版社"词性是 x(字符串),显然标注不正确。解决办法是在用户自定义词典中标注新词的词性,代码如下。

写入 v
机械工业出版社 n

这样修改好保存用户自定义词典文件 userdict.txt 后,再次运行程序,程序的输出结果变为:

[('大家', 'n'), ('好', 'a'), (', ', 'x'), ('我', 'r'), ('最近', 'f'), ('写了', 'v'), ('一本', 'm'), ('机械工业出版社', 'n'), ('出品', 'n'), ('的', 'uj'), ('Python', 'eng'), ('教材', 'n'), (', ', 'x'), ('请', 'v'), ('大家', 'n'), ('多多', 'm'), ('宣传', 'vn')]

标注好词性后,可以有选择地输出某一词性的词条列表,如输出词性为 n 的词条,修改案例 11-3b 代码如下。

案例11-3b：标注词性问题（完整代码见网盘11-3文件夹）

> In [1]: import jieba
> In [2]: import jieba.posseg as psg
> In [3]: article="大家好，我最近写了一本机械工业出版社出品的Python教材，请大家多多宣传"
> In [4]: jieba.load_userdict("userdict.txt")
> Out[4]: print([(x.word,x.flag) for x in psg.cut(article) if x.flag. startswith('n')])

程序运行结果为：

> [('大家', 'n'), ('机械工业出版社', 'n'), ('出品', 'n'), ('教材', 'n'), ('大家', 'n')]

有关jieba分词更多的词性标注含义，读者可查看网盘第11章文件夹。

分词结束后，可以统计词条的出现频率。继续在案例11-3的基础上修改代码，保存为案例11-4。

案例11-4：统计词频问题（完整代码见网盘11-4文件夹）

> In [1]: import jieba
> In [2]: import jieba.posseg as psg
> In [3]: article="大家好，我最近写了一本机械工业出版社出品的Python教材，请大家多多宣传"
> In [4]: jieba.load_userdict("userdict.txt")
> In [5]: words = jieba.cut(article)#分词
> In [6]: from collections import Counter#导入Counter包，用于统计词频
> Out[4]: print(Counter(words).most_common())

程序运行结果为：

> [('，', 2), ('大家', 2), ('的', 1), ('最近', 1), ('教材', 1), ('请', 1), ('出品', 1), ('机械工业出版社', 1), ('一本', 1), ('宣传', 1), ('写了', 1), ('Python', 1), ('我', 1), ('好', 1), ('多多', 1)]

运行结果分析：

由运行结果可知，对article这句话分词后，"，"和"大家"出现的频率最高，为2次，其余词条均为1次。但在语料处理中，标点符号、语气词等词条大多在语料预处理中被过滤掉，因为它们对文本处理没有帮助。

11.3.3 案例实现

根据前面小节对分词、词性标注和词频统计的介绍，本小节将对《三国演义》小说进行分词、词性标注和词频统计功能实现。由于代码较长，本小节只显示关键性代码，完整案例代码见网盘第11章11-5文件夹。

首先，本案例读取《三国演义》小说"三国演义_第一卷(第1~20章).txt"（该文本文件在网盘第11章中可以找到），对文本进行分词操作，保存在一个文本文件sanguocut.txt中，再对小说文本统计词频，进行语料预处理后保存在另一个文件sanguocipinresult.txt中。小说内容如图11-1所示。

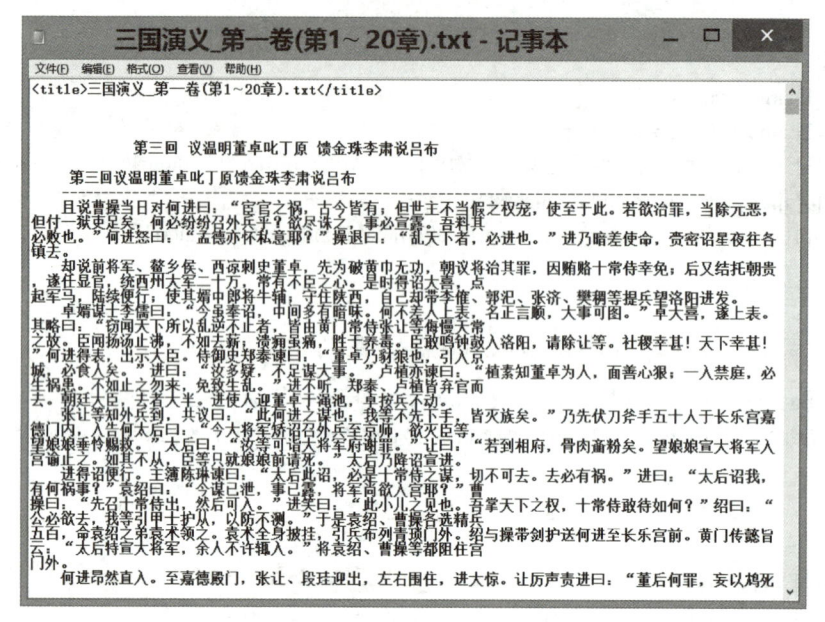

图 11-1 《三国演义》小说部分内容

相关代码如案例 11-5 所示。

案例 11-5：小说文件分词统计词频问题（完整代码见网盘 11-5 文件夹）

```
In [1]: import jieba
In [2]: import jieba.posseg as psg
In [3]: from collections import Counter
In [4]: jieba.load_userdict("userdict.txt")#导入用户自定义词典，对某些容易分错误的或者 jieba 自带词典中没有的词条加入用户自定义词典中
In [5]: def wordscut(filename):#对小说的处理写成一个函数
        #打开语料文件并 jieba 分词
        with open(filename,'r',encoding='utf-8', errors='ignore') as fr:
            article=fr.read()
        words = jieba.cut(article)
        #把分词后的结果存入 sanguocut.txt 文件中
        f = " ".join(words)
        filenamew='sanguocut.txt'
        output_1 = open(filenamew, "w",encoding='utf-8')
        output_1.write(f)
        output_1.close()
        #统计分词后的词频，把词频较大的前 300 位保存到 sanguocipinresult.txt 文件中
        words = jieba.cut(article)
        c=Counter(words).most_common(300)
        with open('sanguocipinresult.txt','w+') as r:
            for x in c:
                if x[0] not in ["\n"," ","。","，","【","】","”","_",",","；","：","、","""," ""!","," "?"," "," """," ","\u3000"]:#把停用字去掉，比如标点符号、空格、回车等
```

```
        if len(x[0])>1:#把单字的去掉，保留两个字及以上的词组
            r.write('{0},{1}\n'.format(x[0],x[1]))
In [6]: wordscut("三国演义_第一卷(第1～20章).txt")
```

程序运行结果为：

图 11-2 是分词后的 sanguocut.txt 文件，图 11-3 是统计词频后的 sanguocipinresult.txt 文件。

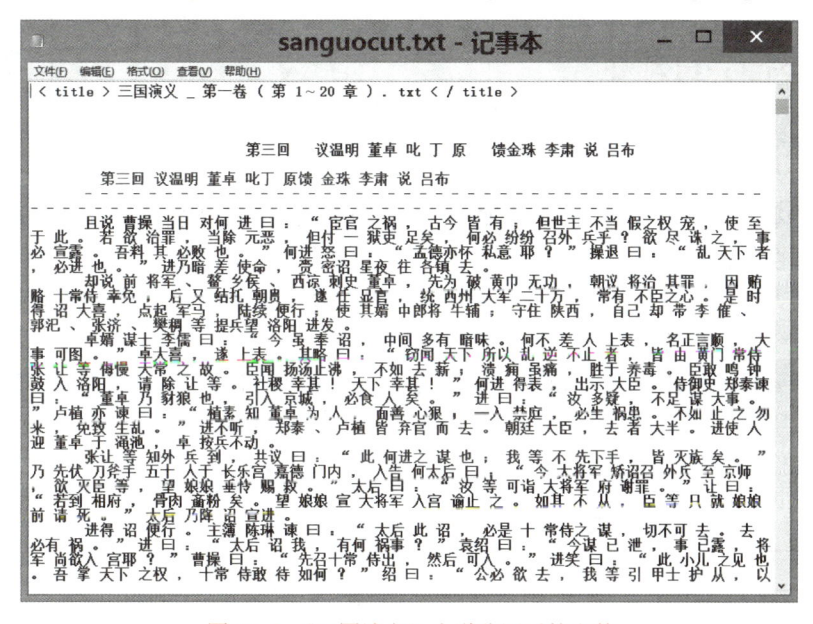

图 11-2 《三国演义》小说分词后的文件

图 11-3 《三国演义》小说统计词频文件

运行结果分析：

由图 11-2 可知，sanguocut.txt 是分词后的《三国演义》小说，但有些词条分得不正确，如"丁原"是人名，不能分开，"对何 进"应该分成"对 何进"等。这些划分错误的词条，可以参

179

考上小节对分错词语的处理，在 userdict.txt 中作为新词加入进去，就可以修改此类错误。如果遇到用户自定义词典也不能正确划分的词语，可以用 jieba.suggest_freq(('连弩'), True)语句实现。

由图 11-3 可知，对《三国演义》第 1 卷分词后，去掉停用词和单字之后的词条统计结果中，"吕布"词频最多，为 259 次，"曹操"是 182 次，等等。读者可以根据本小节的讲解，自己思考如何只统计和显示某词性的词条词频。

11.4 小说词云可视化

11.4.1 词云简介

词云是文本数据的视觉表示，根据输入的文本内容，按照出现频率筛选出关键词，并将关键词通过可视化标签的形式呈现。比如，不同词频的关键字显示不同的大小和颜色，频率越高，字体越大，颜色越醒目，特别适合展示大量文本数据，快速直观地感知文本中最突出的文字。在做统计分析的时候，词云有着很好的应用。

本案例词云显示使用 wordcloud 库，它是 Python 非常优秀的词云展示第三方库。使用前，需要导入所需库，语句是 from wordcloud import WordCloud。

wordcloud 类常见的参数及功能如表 11-1 所示。

表 11-1　wordcloud 类常见参数及功能

编号	参数	功能
1	font_path	字体路径，需要展现什么字体就把该字体路径+后缀名写上，一般调用 Windows 系统中字体
2	mask	如果参数为空，则使用二维遮罩绘制词云。除全白（#FFFFFF）的部分将不会绘制，其余部分都会用于绘制词云
3	background_color	背景颜色，默认背景颜色为白色
4	max_words	要显示的词的最大个数
5	generate(text)	根据文本生成词云

11.4.2 词云实现

本小节在上小节输出文件《三国演义》分词后文本 sanguocut.txt 的基础上，读取该分词后文件，按照词条出现的频率绘制词云，如案例 11-6 所示。

案例 11-6：根据分词结果绘制词云问题（完整代码见网盘 11-6 文件夹）

```
In [1]: import jieba
In [2]: from wordcloud import WordCloud#词云库
In [3]: from matplotlib.font_manager import FontProperties#中文字体
In [4]: from PIL import Image
In [5]: import matplotlib.pyplot as plt #数学绘图库
In [6]: def ToWC(bookPath, backImgPath,fontPath,maxWords=200):
#词云生成函数
```

```
text1 = open(bookPath, "r", encoding='UTF-8').read()
wList = list(jieba.cut(text1))    #转换成列表
listStr="/".join(wList)
image=Image.open(backImgPath) #创建有背景的词云图
graph=np.array(image)
wc = WordCloud(background_color = "white", #设置背景颜色
    mask = graph,    #设置背景图片
    max_words = maxWords, #设置最大显示的字数
    font_path = fontPath, #设置中文字体，使得词云可以显示（词云默认字体是"DroidSansMono.ttf字体库"，不支持中文），不加这个会显示乱码
    max_font_size = 250,    #设置字体最大值
    random_state = 30, #设置有多少种配色方案
    margin=2)
#根据频率生成词云
wc.generate(listStr)
wc.to_file(r"wc.png")
plt.imshow(wc)
plt.axis("off")
plt.show()
In [7]: ToWC('sanguocut.txt', "b.jpg","C:\Windows\Fonts\simfang.ttf")
```

读取 sanguocut.txt 后绘制的词云图如图 11-4 所示。

图 11-4　读取 sanguocut.txt 后绘制的词云图

运行结果分析：

由代码分析可知，自定义函数 ToWC(bookPath, backImgPath, fontPath, maxWords=200)有 4 个参数，输入文件 sanguocut.txt 用于输出保存的已经分词完毕的三国演义小说文件；backImgPath 是设置的背景图片，如果不设置自定义图片的话，系统默认是矩形词云；fontPath 是显示中文字体的格式，这里采用 Windows 系统默认的系统字体；maxWords=200 是默认参数，默认显示的最多词条数量为 200 条。函数内部通过 WordCloud()设置好词云的初始化实例，再利用 generate()方法生成词云。

除了可以读取分好词的文件进行绘制词云操作，还可以利用 generate_from_frequencies（字典参数）方法生成词云，其参数是字典数据结构，键是词条，值是词条频率。关键性代码如案例 11-7 所示。

案例 11-7：根据词条和词频绘制词云（完整代码见网盘 11-7 文件夹）

```
In [1]: import jieba
In [2]: from wordcloud import WordCloud#词云库
In [3]: from matplotlib.font_manager import FontProperties#中文字体
In [4]: from PIL import Image
In [5]: import matplotlib.pyplot as plt #数学绘图库
In [6]: def get_top_words(filename):#把读取的文件保存到字典并返回
        top_words_with_freq={}
        with open(filename, 'r') as file_to_read:
            while True:
                lines = file_to_read.readline() #整行读取数据
                if not lines:
                    break
                    pass
                p_tmp, E_tmp = [i for i in lines.split(',')]
                top_words_with_freq[p_tmp]= float(E_tmp)
        return top_words_with_freq
In [7]: def generate_word_cloud( img_bg_path, top_words_with_freq, font_path, to_save_img_path, background_color = 'white'):
        #读取背景图形
        image=Image.open(img_bg_path)
        graph=np.array(image)
        #创建词云对象
        wc = WordCloud(font_path = font_path,#设置字体
        background_color = background_color,#词云图片背景颜色，默认白色
        max_words = 500,   #最大显示词数为 1000
        mask = graph,   #背景图片蒙版
        max_font_size = 50,   #字体最大字号
        random_state = 30,   #字体的配色模式
        width = 1000,   #词云图片宽度
```

```
        margin = 5,    #词与词之间的间距
        height = 700)   #词云图片高度
        #用 top_words_with_freq 生成词云内容
        wc.generate_from_frequencies(top_words_with_freq)
        #用 Matplotlib 绘制词云图片并显示出来
        plt.imshow(wc)
        plt.axis('off')
        plt.show()
In [8]: top_words_with_freq = get_top_words("sanguocipinresult.txt")
In [9]: generate_word_cloud ('b.jpg', top_words_with_freq, 'C:\Windows\Fonts\simfang.ttf','santi_cloud.png')
```

读取 sanguocipinresult.txt 后绘制的词云图如图 11-5 所示。

图 11-5　读取 sanguocipinresult.txt 后绘制的词云图

11.5　小说人名统计可视化

上节对《三国演义》做了分词、词性标注、词频统计和绘制词云等操作，本节对小说做更细致的操作，比如提取小说的人名、地名等关键性词语后进行统计并可视化。

11.5.1 人名统计

人名的出场频次往往代表着其在小说中的重要程度，一般来说，主角的出场次数最多，其次是配角等。对小说进行分词，将分好的词中代表人名（词性为 nr 的词）且高频出现的词提取出来并计算其出现的次数，有助于读者理解小说。例如，上节统计词条频率时出现的主要人物有曹操、吕布、玄德等。因篇幅所限，这里只展示关键性代码，如案例 11-8 所示。

案例 11-8：小说人名统计问题（完整代码见网盘 11-8 文件夹）

```
In [1]: import jieba
In [2]: import jieba.posseg as pseg
In [3]: from collections import Counter
In [4]: def wordscutpseg(filename):
            with open(filename,'r',encoding='utf-8', errors='ignore') as fr:
                article=fr.read()
            wordspog = pseg.cut(article)#带词性的分词
            filenamew='sanguopsg.txt'
            output_2 = open(filenamew, "w",encoding='utf-8')
            santi_words_with_attr = []
            for wp in wordspog:
                if len(wp.word)>1:#单字的去掉，保留两个字及两个字以上的词组
                    output_2.write(wp.word)
                    output_2.write(wp.flag)
                    output_2.write("\n")
                    santi_words_with_attr.append((wp.word,wp.flag))
            output_2.close()
            return santi_words_with_attr
In [5]: def wordscutper(santi_words_with_attr):
            pername = [x[0] for x in santi_words_with_attr if x[1]=="nr"]
            #把一个人物的不同称谓统一
            for i,p in enumerate(pername):
                if p=="玄德" or p=="刘备"or p=="刘玄德":
                    pername[i]="刘备"
                if p=="关羽" or p=="云长" or p=="关公" or p=="关将军":
                    pername[i]="关羽"
                if p=="曹操" or p=="丞相" or p=="孟德":
                    pername[i]="曹操"
                if p=="诸葛亮" or p=="孔明" or p=="武侯":
                    pername[i]="诸葛亮"
            c = Counter(pername).most_common(10)
            with open('sanguoper.txt','w+') as f:
                for x in c:
                    f.write('{0},{1}\n'.format(x[0],x[1]))
In [6]: wordscutper(wordscutpseg("三国演义_第一卷(第1~20章).txt"))
```

部分程序运行结果为：

吕布，259
曹操，187
刘备，131
董卓，86
孙策，75
袁术，57
玄德曰，56
袁绍，55
张飞，50
太史慈，42

程序运行结果分析：

由案例代码可见，函数 wordscutpseg()用来对"三国演义_第一卷(第 1～20 章).txt"分词，得到词语和词性，然后输出带词性的分词结果并保存到.txt 文件中，返回一个词条和词频的字典数据结构。用 wordscutper()函数把词性标注为 nr 的词保存到 pername 列表中，再用 for 循环统一名字，如"玄德"和"刘备"是同一个人，最后统计 pername 列表中的人名并保存到 sanguoper.txt 文件中。

其中，"玄德曰"这个词条标注词性错误，解决方法是利用用户自定义词典添加该词条或者使用 jieba.suggest_freq(('玄德', '曰'), True)语句实现。

11.5.2 人名可视化

数据可视化是指用图表的形式对数据进行展示。对一个数据集进行分析时，如果使用数据可视化的方式，那么会很直观明了。常见的可视化图表包括股票走势图、天气变化图、销售报表图等。本案例采用的可视化工具是 Python 自带的库 Matplotlib，它是 Python 中最受欢迎的数据可视化软件包之一，支持跨平台运行，不仅可以进行 2D 绘图，还可以进行一部分 3D 绘图。Matplotlib 通常与 NumPy、Pandas 一起使用，是数据分析中不可或缺的重要工具之一。

本案例中的人名可视化采用饼图实现。饼图用来显示一个数据系列，即显示一个数据系列中各项目占项目总和的百分比。Matplotlib 提供了 pie()函数，该函数可以生成数组中数据的饼图。pie()函数的常用参数及说明如表 11-2 所示。

表 11-2 pie()函数的常用参数及说明

编号	参数	功能
1	X	数组序列，数组元素对应扇形区域的数量大小
2	labels	列表字符串序列，为每个扇形区域备注一个标签名字
3	color	为每个扇形区域设置颜色，默认按照颜色周期自动设置
4	autopct	格式化字符串"fmt%pct"，使用百分比的格式设置每个扇形区域的标签，并将其放置在扇形区内
5	explode	突出某些块，不同的值突出的效果不一样
6	pctdistance	百分比距离圆心的距离，默认是 0.6

人名可视化首先读取人名文件，即 sanguoper.txt，返回人名列表和出现频率的列表，再绘制饼图和柱状图。因篇幅所限，这里只展示关键性代码，如案例 11-9 所示。

案例 11-9：小说人名可视化问题（完整代码见网盘 11-9 文件夹）

```
In [1]: import matplotlib.pyplot as plt
In [2]: import matplotlib
In [3]: def get_top_words(filename):#把读取的文件保存到字典并返回
            words=[]
            frequence=[]
            with open(filename, 'r') as file_to_read:
                while True:
                    lines = file_to_read.readline() #整行读取数据
                    if not lines:
                        break
                    p_tmp, E_tmp = [i for i in lines.split(',')]
                    words.append(p_tmp)
                    frequence.append(float(E_tmp))
            return words,frequence
In [4]: def visualpie(words,frequence):
            plt.figure(figsize=(6,9))
            #定义饼图的标签，标签是列表
            labels=words
            sizes = frequence
            patches,l_text,p_text = plt.pie(sizes,labels=labels,labeldistance = 1.1,autopct = '%3.1f%%',shadow = False,startangle = 90,pctdistance = 0.6)
            plt.axis('equal')
            plt.legend()
            plt.show()
In [5]: words,frequence=get_top_words('sanguoper.txt')
In [6]: visualpie(words,frequence)
```

读取 sanguoper.txt 后绘制的饼图如图 11-6 所示。

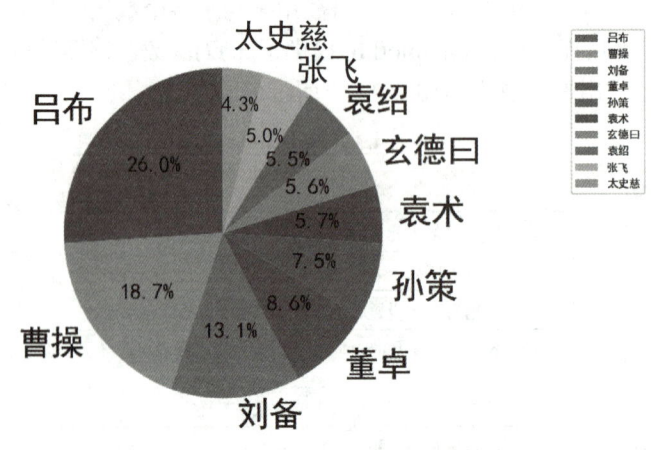

图 11-6 读取 sanguoper.txt 后绘制的饼图

程序运行结果分析：

由案例代码可见，函数 get_top_words()用来读取 sanguoper.txt，把人名和频率分别保存到两个列表中，并返回列表。visualpie()函数用来输入人名和频率列表，调用 Matplotlib 库提供的 Pie 类绘制饼图。读者可以根据本案例继续往下扩展更多功能，如地名的统计、人名之间的关联度统计、食物的统计、柱状图可视化等。

搜索今年的《政府工作报告》，利用所学的知识查看有哪些高频热词值得关注，说一说今年国家的新动向，如果能画出词云图，那么也许会有意想不到的收获。

11.6 习题

1．自然语言处理方向目前的研究进展如何？有哪些应用领域？

2．请查找资料，看看国内外各研究所或者公司对于自然语言处理的研究到了什么程度，提供了哪些工具，给出一些可以演示的例子，如语言云平台。

3．对比这几个分词工具：jieba 分词、NLTK、THULAC。

4．统计"哈姆雷特.txt"中所有的字符个数和单词，并显示在屏幕上。请读者在网上下载该.txt 文件，或者在本书网盘第 11 章数据文件夹内查找。

5．下载"二十大报告"，保存到.txt 中，然后读取.txt 文件，对其分词，去掉停用词，保留长度在两个及以上字数的词条，统计词频，把词频结果以字典形式保存，然后写入.txt 文件中。

6．请在第 5 题的基础上输出每个词的词性，并统计名词、动词、形容词等词语的个数以及词频前 10 名的词语。

7．下载你喜欢的一本小说，保存为.txt 文件，然后按照词性分词，把人名、地名、武器和饮食等统计出来，保存到.txt 文件中。注意人名的统一性，比如"孙悟空"和"齐天大圣"是等价的。

8．用 Matplotlib 绘制 2024 年度政府工作报告（下载并保存到.txt 中，再读取）并对其分词，去掉停用词，保留长度在两个及以上字数的词条，统计词频；把词频结果以字典形式保存，然后写入.txt 文件中；把分词后的词条用词云显示出来。

9．绘制《三国演义》等四大名著词云，要求去掉停用词，选择有意义的词语，按词性分类，分别绘制地名词云、人物词云等，还要分别写成函数形式，方便调用。

10．根据生成的《三国演义》中各人物之间的共现关系文件，利用 gephi 软件绘制关系图。

第 12 章　综合案例——微信好友数据分析和可视化

本章导读

微信是常用的即时通信工具之一，每个微信用户都有很多微信好友，但很少有关于微信好友整体情况的数据分析。

本章主要介绍关于微信好友的数据分析和可视化，包括微信自动登录、微信好友数据下载和保存、微信好友性别比例分析和可视化、微信好友地理分布分析和可视化、微信好友昵称和签名分析等功能。

学习目标

1. 理解数据分析的概念
2. 掌握 itchat 库的基本用法
3. 掌握 pyecharts 库的基本用法
4. 掌握饼图、地图、水滴图的绘制方法
5. 自学柱状图、词云、散点图的绘制方法

12.1　微信好友数据分析概述

微信（WeChat）是腾讯公司于 2011 年 1 月 21 日推出的一款为智能终端提供即时通信服务的免费应用程序，由张小龙所带领的腾讯广州研发中心产品团队打造。在信息社会化潮流下，微信作为常用的即时通信手机 App，可提供个性化、交互式的用户体验，支持发送文字、语音、图片、视频等消息，还将社交属性融入媒体属性中，如微信朋友圈和微信公众平台等，满足了多数人群在信息方面的需求。越来越多的人、企业等加入微信的大家庭，促进了微信的蓬勃发展并形成良性互动。

绝大多数的微信用户虽然有很多微信好友，但平时大多只和固定的少数微信好友联系，如发送文字或语音信息、视频，以及发布朋友圈和点赞等，很少有人关注和全局统计过自己

微信好友的整体数据信息。可能读者也很好奇微信好友的性别比例如何，大多来自哪个省份、哪个城市，他们的大概职业、性格特点等。所以，本案例主要分析和可视化微信好友数据，通过对用户好友数据的分析，提取出该微信用户平时的交际圈中都有哪些好友、男女的比例如何，地理位置如何分布，并对个性签名等进行情感分析，还分析该用户平时的关注点、兴趣爱好是什么。

12.2 微信好友数据获取和处理

12.2.1 微信登录和好友数据下载

本案例首先需要把微信好友数据集下载下来。Python 提供了一个名为 itchat 的库，它是一个开源的微信个人号接口，原理是模拟微信网页版环境，抓取并发送相关 request，达到网页版上几乎所有的功能。通过 itchat 库可以实现微信（好友或微信群）的信息处理，包括文本、图片、小视频、地理位置消息、名片消息、语音消息、动画表情、普通链接、音乐链接、群消息、红包消息、系统消息等，可以对微信的消息进行获取和回复。itchat 库常用方法如表 12-1 所示。

表 12-1 itchat 库常用方法

编号	方法	功能
1	auto_login(hotReload = True)	提供了扫描二维码就能自动登录微信的功能，hotReload 参数提供短时间内断线重连的功能，下次登录时不需要扫描二维码，只需要在手机端确认登录即可
2	send(str,toUserName)	toUserName 为接收消息的微信号，可以在微信手机端进行查询，也可以使用 itchat 库中的 search_friends() 函数来进行查找
3	get_friends()	返回其微信号好友列表。其中的每个好友都为一个字典。第一项为本人的账号信息
4	get_mps()	返回完整的公众号列表。其中的每个公众号为一个字典
5	get_chatrooms()	返回完整的群聊列表。其中的每个群聊为一个字典

然后安装 itchat 库和 Pandas 库。Pandas 库用于数据分析，建立在 NumPy 之上。保存微信好友数据会用到 Pandas 库提供的数据结构 DataFrame。借助该数据结构，能够轻松直观地处理二维关系数据。输入代码，如案例 12-1 所示。

案例 12-1：保存微信好友数据（完整代码见网盘 12-1 文件夹）

```
In [1]: import itchat
In [2]: import pandas as pd
In [3]: from pandas import DataFrame
In [4]: def get_data():#获取微信好友数据
            #扫描二维码登录微信，实际上就是通过网页版微信登录
            itchat.auto_login()
            #获取所有好友信息
```

```
            #返回一个包含用户信息字典的列表
            friends = itchat.get_friends(update=True)
            return friends
In [5]: def parse_data(data):#保存微信好友数据
         friends = []
         for item in data[1:]: #第一个元素是自己，排除掉
             friend = {'NickName': item['NickName'], #昵称
             'RemarkName': item['RemarkName'], #备注名
             'Sex': item['Sex'], #性别：1 男，2 女，0 未设置
             'Province': item['Province'], #省份
             'City': item['City'], #城市
             'Signature': item['Signature'].replace(" ", ' ').replace(',', ' '), #个性签名（处理签名内容换行的情况）
             }
             friends.append(friend)
         frame = DataFrame(friends)
         frame.to_csv('我的微信好友信息.csv', index= True)
```

本案例会生成一个"我的微信好友信息.csv"文件，内容如图 12-1 所示。

City	NickName	Province	Sex	Signature
	吴迪		1	时间旅行者
	孟凡坤		1	
	李峰日		0	
聊城	雯雯	山东	2	其实孩子气，也没什么不好。总有一天会长大，何必失去太早。
齐齐哈尔	大朱	黑龙江	1	
齐齐哈尔	英琦	黑龙江	2	得与失，角度不同罢了……
齐齐哈尔	宋斌	黑龙江	1	健康和恢复电饭锅
齐齐哈尔	不狂者	黑龙江	1	亦狂亦侠亦温文！
	zgzhang		0	
齐齐哈尔	BOOK+亲子绘本馆馆长	黑龙江	2	找到BOOK+，找到绘本，找到爱
	QTV青少年艺术中心财务		1	
路环岛	棠棠	澳门	2	好
牡丹江	林海儒生	黑龙江	1	穿林海，越书山。
哈尔滨	付宝君			
	杨扬		1	
	壮壮妈妈		0	
齐齐哈尔	黑龙泉龙王-刘佰龙	黑龙江	1	亲民农业"菜篮子"工程总指挥、齐齐哈尔市蔬菜产销联合会会长
	恬庄		0	
齐齐哈尔	孙振龙	黑龙江		
延边	臧晓强	吉林	1	认真过每一天
	高山（吴振杰69）		0	
	风平浪静（魔力才艺学	St. Lawre	2	没有心宽似海，怎么会有风平浪静！

图 12-1 "我的微信好友信息.csv"文件内容

运行结果分析：

本案例首先导入 itchat 库和 Pandas 库，再定义两个函数，get_data()函数用于登录微信，然后利用 get_friends()获取微信好友数据并返回。parse_data(data)输入微信好友数据，筛选出自己需要的属性（微信好友昵称、备注名、性别、省份、城市、个性签名等）并保存到.csv 文件中。读取到的微信好友数据的重要属性如表 12-2 所示。

第 12 章 综合案例——微信好友数据分析和可视化

表 12-2 读取到的微信好友数据的重要属性

编号	属性	描述
1	UserName	代表用户名称，其中，一个"@"为好友，两个"@"为群组
2	City	微信好友所在城市
3	HeadImgUrl	微信好友的头像地址，可以通过这个属性提取到好友的头像图片并进行分析
4	ContactFlag	微信好友的类型，比如取值为 1 代表好友，取值为 2 代表群组，取值为 3 代表公众号
5	Sex	微信好友的性别信息，一般取 3 个值：0 代表未设置，如公众号或者保密；取值为 1 代表是男性；取值为 2 代表是女性
6	Signature	公众号的功能介绍或者好友的个性签名，本案例只提取到微信好友的个性签名
7	Province	微信好友所在的省份，如取值为黑龙江省
8	RemarkName	微信好友的备注名称，该名称由微信用户为好友设置，以便更好地识别微信好友
9	NickName	微信好友的昵称，是微信用户为自己起的个性化名字
10	StarFriend	是否为星标朋友，取值为 0 表示否定，取值为 1 代表肯定，这个是用户自己设置的

12.2.2 性别分析可视化

有的微信用户有很多微信好友，多的甚至达到几千个好友，所以，有多少个男性好友，有多少个女性好友，还有多少个性别保密的好友，都是微信用户希望了解的。从这个方面看，可以对好友做一些筛选。本小节根据上小节整理好的微信好友数据文件"我的微信好友信息.csv"建立字典，读取微信好友信息表中的性别信息，统计男性好友、女性好友和未写明性别的好友人数，把结果保存到.txt 文件中。这里注意，循环从第二行开始，因为首行数据是用户本人的数据。根据设定的阈值，判定好友性别比例，根据统计出的数值对微信用户的性格特点进行判定。例如，男性好友人数比女性好友人数多，则输出"看来您很受大哥哥们的青睐！"。最后，用百度提供的第三方库 pyecharts 中的 Pie 类可视化性别比例情况，用饼图形式显示。

本案例采用的可视化工具是 pyecharts 库，它是百度公司开发的一个用于生成 Echarts 可视化图表的开源类库，主要用于数据可视化。pyecharts 库提供了 Echarts 与 Python 之间的对接。可以通过 pip install pyecharts==2.0.1 安装这个库（注意，本案例用到的版本号是 2.0.1，如果版本在 1.0 以下，则代码写法与本案例代码有很大差异），再利用 from pyecharts import 导入需要用到的类，如饼图 Pie、柱状图 Bar、地图 Map、词云图 wordcloud 等。

Echarts 是 JavaScript 的图表库，专门为用户提供创建图表的接口，可以实现多种不同类型的图表以便用户生成，每种图表都可以设置不同的参数来进行定制，以满足用户对不同数据展现效果的需求。Echarts 可以从 Excel 表单、.csv 文件或者其他数据库来源中读取需要可视化的数据，实现基于 Canvas，底层依赖于 ZRender，使用的数据类型主要以 JSON 数据格式为主。商业产品的可视化常常使用图表库中的图表展示，可提供直观、生动、可交互、可个性化定制的数据可视化图表。图表类型可以支持 15 种类型，其中的一些类型如柱状图、饼图、地图、折线图、关系图、地理图、K 线图、雷达图、水滴图等，同时支持任意维度的堆积和多图表混合展现。本章主要用到了柱状图、饼图、地图、水滴图、词云图、散点图等。本小节利用饼图展示性别比例分布，pyecharts 库中 Pie 接口的主要参数及其功能如表 12-3 所示。

表 12-3　Pie 接口的主要参数及其功能

编号	参数	功能
1	radius	设置外圆和内圆的半径比例
2	center	设置饼图中心坐标
3	data_pair	需要绘制饼图的输入数据
4	label_opts	设置标签的位置
5	is_show	是否显示图示
6	series_name	设置系列名称

按照前面的实现过程描述输入代码，如案例 12-2 所示。

案例 12-2：性别分析和可视化（完整代码见网盘 12-2 文件夹）

```
In [1]: import NumPy as np    #导入 numpy 库
In [2]: from pyecharts import Pie
In [3]: import csv
In [4]: def getSex(filename):#从.csv 文件中获取性别信息
            lstsex=[]
            with open(filename,'r') as fr:
                reader=csv.reader(fr)
                for i in reader:
                    lstsex.append(i[4])
            return lstsex
In [5]: def VisualSexpyechart(lstsex):
            sex = dict()
            #2.1 提取好友性别信息，从 1 开始，因为第 0 个是自己
            for f in lstsex[1:]:
                if f == '1':    #男
                    sex["man"] = sex.get("man", 0) + 1
                elif f =='2':   #女
                    sex["women"] = sex.get("women", 0) + 1
                else:    #未知
                    sex["unknown"] = sex.get("unknown", 0) + 1
            #在屏幕上打印出来
            total = len(lstsex[1:])
            #2.2 打印出自己的好友性别比例
            print( "男性好友：    %.2f%%" % ( float(sex["man"])/total* 100) + "\n" +"女性好友：    %.2f%%"
% (float(sex["women"]) / total * 100) + "\n" +
                "不明性别好友：   %.2f%%" % (float(sex["unknown"]) / total * 100))
            #2.3 使用 Echarts 饼状图
```

```
attr = ['男性好友', '女性好友', '不明性别好友']
value = [sex["man"],sex["women"],sex["unknown"]]
#饼图用的数据格式是[(key1,value1),(key2,value2)],所以先使用zip()函数将二者进行组合
data_pair = [list(z) for z in zip(attr, value)]
#初始化配置项,内部可设置颜色
(
    Pie(init_opts=opts.InitOpts(bg_color="white"))
        .add(
            #系列名称,即该饼图的名称
            series_name="微信好友性别分析",
            #系列数据项,格式为[(key1,value1),(key2,value2)]
            data_pair=data_pair,
            #通过半径区分数据大小"radius"和"area"两种
            rosetype='radius',
            #饼图的半径,设置成默认百分比,相对于容器高宽中较小一项的一半
            radius="55%",
            #饼图的圆心,第一项是相对于容器的宽度,第二项是相对于容器的高度
            center=["50%", "50%"],
            #标签配置项
            label_opts=opts.LabelOpts(is_show=True, position="center"),
        )
        #全局设置
        .set_global_opts(
            #设置标题
            title_opts=opts.TitleOpts(
                #名字
                title="微信好友性别比例",
                #组件距离容器左侧的位置
                pos_left="center",
                #组件距离容器上方的像素值
                pos_top="20",
                #设置标题颜色
                title_textstyle_opts=opts.TextStyleOpts(color= "black"),
            ),
            #图例配置项,参数是否显示图中组件
            legend_opts=opts.LegendOpts(is_show=True),
        )
        #系列设置
        .set_series_opts(
            tooltip_opts=opts.TooltipOpts(trigger="item", formatter="{a}<br/>{b}:{c}({d}%)"),
            #设置标签颜色
            label_opts=opts.LabelOpts(color="teal"),
        )
        .render('好友性别比例饼图.html')
```

程序运行结果：

男性好友： 46.53%女性好友： 31.68%不明性别好友： 21.79%

生成的饼图如图 12-2 所示。

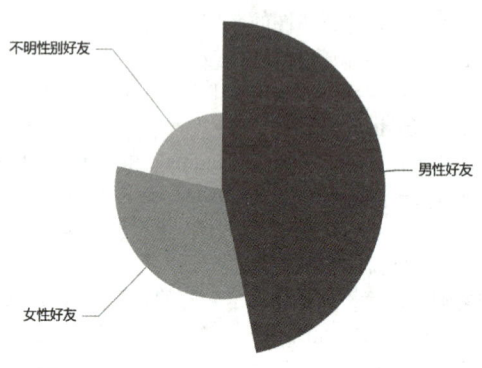

图 12-2 "我的微信好友"性别比例饼图

运行结果分析：

本案例先使用 getSex(filename)函数读取"我的微信好友信息.csv"文件，将第 4 列即性别属性的值添加到列表 lstsex 中，并返回列表。VisualSexpyechart(lstsex)函数读取性别列表，循环判定该值是 0、1 或者 2，并将统计结果保存到字典中。接着生成 Pie 对象，设置主标题为"微信好友性别分析"，调用 add()添加基本参数，调用 set_global_opts()设置饼图全局参数，调用 set_series_opts()设置系列参数，最后使用 render()在当前目录下生成"好友性别比例饼图.html"网页文件。

12.2.3 省份城市地图可视化

微信好友一般都填写了自己的省份信息和所在城市信息，但也有一些好友并没有设置。对填写了地点信息的微信好友，要求用地图的形式显示出来，使用不同的颜色来说明所在省份人数的多少。这样，用户能够很清楚地知道自己好友所在地点分布情况。本小节根据爬取到的微信好友数据文件，首先统计好友所在省份和城市的数量，方法是读取好友省份名字和城市名字，分别存储到字典数据类型中，然后按照数量多少排序。在统计省份和城市数据时，把空白的省份和城市用其他名字取代，因为有些微信好友并没有填写自己的省份和城市数据。即使微信好友填写了省份和城市数据，但因为填写时缺乏规范化输入约束，所以填写的数据不一定符合统计的要求，需要统一对省份名字和城市名字规范化。比如城市名字，有的微信好友填写的是"海淀""丰台"或者"大兴"等，这些在规范化时统一为"北京"。如果填写的是外国城市，如"NewYork""Washington"

扫码看视频

等，那么都不予统计，因为本案例只统计和显示我国的省份和城市。然后用地图形式显示每个省份、城市的好友人数比例情况，并根据好友城市统计结果，推断微信用户工作和生活所在城市。再根据数据库中的省份城市对照表，判断微信用户的工作特点。例如，如果用户好友集中在某两个省份，则可以预测该用户应该经常在两个省份之间活动。

本案例使用 pyecharts 第三方库中的地图 Map 和地理图 Geo，对好友省份和城市统计结果可视化输出，用地图形式显示。pyecharts 库中的 Map 接口主要参数及其功能如表 12-4 所示。Geo 接口的具体参数与 Map 接口比较类似，不再赘述。

表 12-4　Map 接口的主要参数及其功能

编号	参数	功能
1	is_show	设置是否显示图例
2	is_piecewise	设置是否手动校准范围
3	title	设置图例标题
4	render()	通过该函数将制作完成的图表输出为 HTML 文件
5	subtitle	设置图例子标题

在编程之前，需要先把地图数据导入计算机中，不然地图不能正常显示，可以下载及安装以下几个数据包。

中国省级地图文件数据包：pip install echarts-china-provinces‐pypkg。中国市级地图文件数据包：pip install echarts-china-cities‐pypkg。

本案例的输入代码如案例 12-3 所示。

案例 12-3：省份和城市地图（完整代码见网盘 12-3 文件夹）

```
In [1]: import csv
In [2]: from pyecharts import Geo
In [3]: from pyecharts import Map
#读取.csv 文件，把 index 列的属性信息读取出来
In [4]: def getInfo(filename,index):
            lstdata=[]
            with open(filename,'r') as fr:
                reader=csv.reader(fr)
                for i in reader:
                    lstdata.append(i[index])
            return lstdata
In [5]: def VisualPropyecharts(lstprovince):#省份地图可视化
            lstprovinceNew = []
            lst1 = []
            lst2 = []
            #去掉空白的项
            for i in lstprovince:
                if i == '' or i == 'Province':
                    pass
```

```python
            else:
                lstprovinceNew.append(i)
    #统计每个省份出现的次数
    #使用 Counter 类统计出现的次数，并转换为元组列表
    data = Counter(lstprovinceNew).most_common(5)
    for j in data:
        lst1.append(j[0]+"省")#省份必须写完整，比如山东省
        lst2.append(j[1])
    #根据省份数据生成地图
    c = (
        Map().add(
            "微信好友省份分布例子",
            [list(z) for z in zip(lst1, lst2)],
            "china"#显示省份
        )
        .set_global_opts(
            title_opts=opts.TitleOpts(title="微信好友省份分布图",subtitle="数据来源：微信好友",pos_right="center"),
            visualmap_opts=opts.VisualMapOpts(max_=95),
            legend_opts=opts.LegendOpts(    #设置图例配置项
                pos_right="right",    #设置为水平居右
                pos_bottom="bottom")    #设置为垂直居下
        )
        .set_series_opts(label_opts=opts.LabelOpts(is_show=True))    #是否显示省市名称
    )
    return c
In [6]: #城市地图可视化
def VisualCitypyecharts(lstcity):
    lstcityNew = []
    lst1 = []
    lst2 = []
    #去掉空白的项
    for i in lstcity:
        if i == '' or i == 'City':
            pass
        else:
            lstcityNew.append(i)
    #统计每个城市出现的次数
    #使用 Counter 类统计出现的次数，并转换为元组列表
    data = Counter(lstcityNew).most_common(5)
    for j in data:
        #省份必须写完整，比如山东省、黑龙江省、北京市、上海市
        lst1.append(j[0]+"市")
```

```
            lst2.append(j[1])
        lstchina=[list(z) for z in zip(lst1, lst2)]
        geo=Geo(init_opts=opts.InitOpts(width="1200px",height='600px'))

        geo.add_schema(maptype='china',itemstyle_opts=opts.ItemStyleOpts(color='#333333',border_color='#FFFF22'))
        geo.add('微信好友城市分布',lstchina,label_opts=opts.LabelOpts(is_show=True),type_=ChartType.EFFECT_SCATTER)
        geo.set_global_opts(title_opts=opts.TitleOpts(title='微信好友城市分布图',subtitle='数据来源：微信好友列表'),
            visualmap_opts=opts.VisualMapOpts(max_=18676605,is_piecewise=True,range_color=['lightskyblue','yellow','orangered']))
        geo.render('好友省份分布地图.html')
```

程序运行结果：

生成的省份地图和城市地图请自己运行代码程序。

运行结果分析：

本案例首先使用 getInfo(filename,index)函数读取"我的微信好友信息.csv"文件，将第 index 列属性的值添加到列表 lstdata 中，并返回列表。VisualPropyecharts (lstprovince)函数读取微信好友所在省份的列表数据，去除数据中的空白项，再按从大到小的顺序统计省份数量结果，接着生成 Map 对象，通过 add()函数设置地图标题、地图数据、地图类型，默认是"china"。调用 set_global_opts()设置地图全局参数，调用 set_series_opts()设置系列参数，最后使用 render()在当前目录下生成"好友省份分布地图.html"网页文件。

12.2.4 昵称分析可视化

微信好友昵称是微信用户给自己起的网名，从昵称分析可以更清楚地统计出好友的职业特点，比如电话号码或者工作职业的展示。本小节根据爬取到的微信好友数据，首先读取好友昵称信息并对昵称数据清洗，通过第三方库 re 对昵称进行规范化，去掉特殊字符，只保留汉字、数字和字母等，这部分昵称信息作为语料来等待下一步的处理。去掉特殊字符的方法是 re.compile("[^\u4e00-\u9fa5^.^a-z^A-Z^0-9]")。去掉特殊字符后，根据关键字规则推理判定好友的职业特点，如"**学校""**健身馆""**老师""**旅游"，这些关键词和职业的对应关系通过提前设置好的"coor.xls"存储和读取，最后用水球图形式显示广告好友的比例情况。根据以上描述输入代码，如案例 12-4 所示。

案例 12-4：昵称可视化（完整代码见网盘 12-4 文件夹）

```
    def create_nickname(NickName):
        num_list = [] #昵称中有手机号的朋友
        advertise_list = [] #宣传用昵称
        temp=False
        #去掉不必要的符号，只保留汉字、字母和数字
        cop = re.compile("[^\u4e00-\u9fa5^.^a-z^A-Z^0-9]")
```

```python
#对好友的昵称逐个分析
for sid,val in enumerate(NickName):
    v1 = val.strip().replace("emoji", "").replace("span", "").replace("class", "")
    v2 = cop.sub("", v1)
    #判断是否包含手机号
    if re.findall(r"1\d{10}",v2):
        num_list.append(NickName[sid])
    #判断是否包含职业特点
    cut = jieba.cut(v2)
    for c in cut:
        if lexicon_deal1(c,num_rows2)==True:
            temp=True
    if temp==True:
        advertise_list.append(NickName[sid])
        temp=False
#把好友职业信息保存到文件中
with open("昵称分析.txt",'w',encoding="utf-8") as f:
    f.write("以下是昵称中带手机号的好友：\n")
    f.write(str(num_list))
    f.write("这部分好友有自己的生意，有手机号，联系方便\n")
    f.write("以下是昵称中带职业的好友：\n")
    f.write(str(advertise_list))
    f.write("这部分好友有自己的事业\n")
#好友职业信息可视化，使用水球图展示
liquid = Liquid("广告好友比例")
liquid.add("广告好友", [len(advertise_list)/len(NickName)])
liquid.render("广告好友比例 1.html")
```

生成的"昵称分析.txt"文件内容如图 12-3 所示，广告好友比例内容如图 12-4 所示。

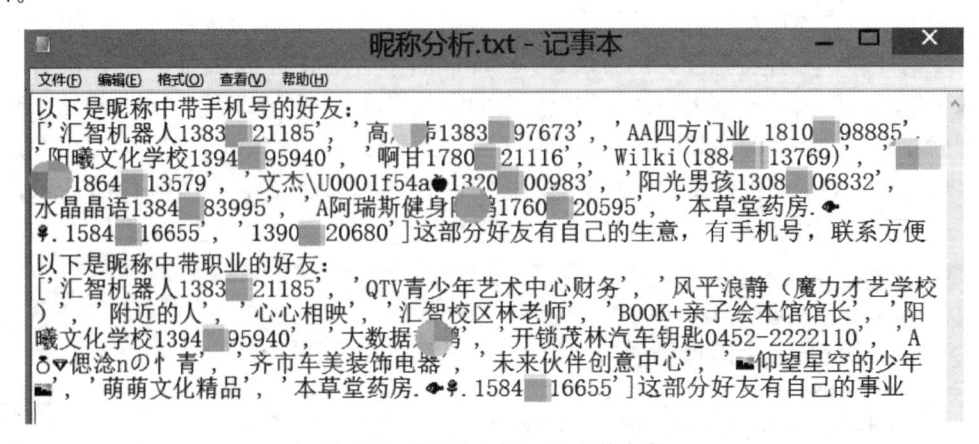

图 12-3 "昵称分析.txt"文件内容

```
            lst2.append(j[1])
        lstchina=[list(z) for z in zip(lst1, lst2)]
        geo=Geo(init_opts=opts.InitOpts(width="1200px",height='600px'))

        geo.add_schema(maptype='china',itemstyle_opts=opts.ItemStyleOpts(color='#333333',border_color='#FFFF22'))
        geo.add('微信好友城市分布',lstchina,label_opts=opts.LabelOpts(is_show=True),type_=ChartType.EFFECT_SCATTER)
        geo.set_global_opts(title_opts=opts.TitleOpts(title='微信好友城市分布图',subtitle='数据来源：微信好友列表'),
            visualmap_opts=opts.VisualMapOpts(max_=18676605,is_piecewise=True,range_color=['lightskyblue','yellow','orangered']))
        geo.render('好友省份分布地图.html')
```

程序运行结果：

生成的省份地图和城市地图请自己运行代码程序。

运行结果分析：

本案例首先使用 getInfo(filename,index)函数读取"我的微信好友信息.csv"文件，将第 index 列属性的值添加到列表 lstdata 中，并返回列表。VisualPropyecharts (lstprovince)函数读取微信好友所在省份的列表数据，去除数据中的空白项，再按从大到小的顺序统计省份数量结果，接着生成 Map 对象，通过 add()函数设置地图标题、地图数据、地图类型，默认是"china"。调用 set_global_opts()设置地图全局参数，调用 set_series_opts()设置系列参数，最后使用 render()在当前目录下生成"好友省份分布地图.html"网页文件。

12.2.4 昵称分析可视化

微信好友昵称是微信用户给自己起的网名，从昵称分析可以更清楚地统计出好友的职业特点，比如电话号码或者工作职业的展示。本小节根据爬取到的微信好友数据，首先读取好友昵称信息并对昵称数据清洗，通过第三方库 re 对昵称进行规范化，去掉特殊字符，只保留汉字、数字和字母等，这部分昵称信息作为语料来等待下一步的处理。去掉特殊字符的方法是 re.compile("[^\u4e00-\u9fa5^ ^a-z^A-Z^0-9]")。去掉特殊字符后，根据关键字规则推理判定好友的职业特点，如"**学校""**健身馆""**老师""**旅游"，这些关键词和职业的对应关系通过提前设置好的"coor.xls"存储和读取，最后用水球图形式显示广告好友的比例情况。根据以上描述输入代码，如案例 12-4 所示。

案例 12-4：昵称可视化（完整代码见网盘 12-4 文件夹）

```
def create_nickname(NickName):
    num_list = [] #昵称中有手机号的朋友
    advertise_list = [] #宣传用昵称
    temp=False
    #去掉不必要的符号，只保留汉字、字母和数字
    cop = re.compile("[^\u4e00-\u9fa5^.^a-z^A-Z^0-9]")
```

```python
#对好友的昵称逐个分析
for sid,val in enumerate(NickName):
        v1 = val.strip().replace("emoji","").replace("span","").replace("class","")
        v2 = cop.sub("", v1)
        #判断是否包含手机号
        if re.findall(r"1\d{10}",v2):
                num_list.append(NickName[sid])
        #判断是否包含职业特点
        cut = jieba.cut(v2)
        for c in cut:
                if lexicon_deal1(c,num_rows2)==True:
                        temp=True
        if temp==True:
                advertise_list.append(NickName[sid])
                temp=False
#把好友职业信息保存到文件中
with open("昵称分析.txt",'w',encoding="utf-8") as f:
        f.write("以下是昵称中带手机号的好友：\n")
        f.write(str(num_list))
        f.write("这部分好友有自己的生意，有手机号，联系方便\n")
        f.write("以下是昵称中带职业的好友：\n")
        f.write(str(advertise_list))
        f.write("这部分好友有自己的事业\n")
#好友职业信息可视化，使用水球图展示
liquid = Liquid("广告好友比例")
liquid.add("广告好友", [len(advertise_list)/len(NickName)])
liquid.render("广告好友比例 1.html")
```

生成的"昵称分析.txt"文件内容如图 12-3 所示，广告好友比例内容如图 12-4 所示。

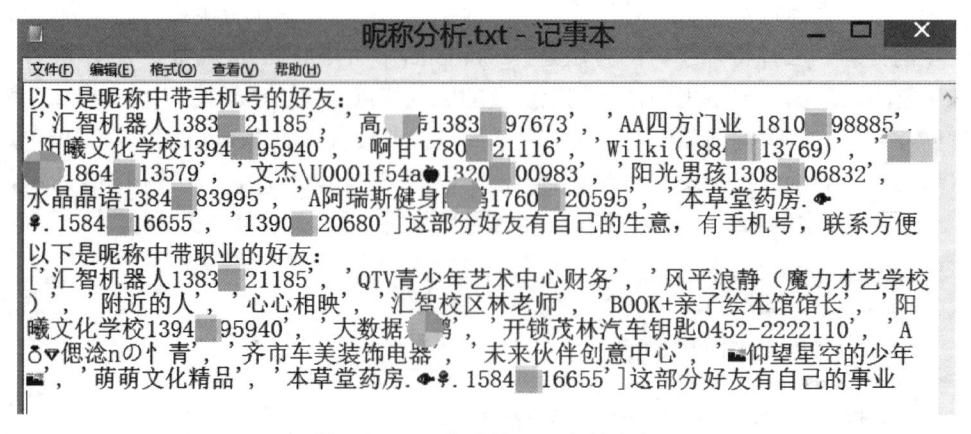

图 12-3 "昵称分析.txt"文件内容

广告好友比例

8%

图 12-4　广告好友比例内容文件内容

12.2.5　签名情感极性分类

微信好友的签名充分显示了个人情感，如果通过情感分析技术得到其情感倾向，就能在一定程度上了解这个微信好友的性格特点。本小节根据爬取到的微信好友数据，读取微信好友签名数据，然后通过 snownlp 库分析用户好友签名，得到好友签名的情感极性统计情况。

snownlp 库是一个中文分词模块，它可以很方便地处理中文文本内容，如中文分词、词性标注、情感分析、文本分类、提取文本关键词、文本相似度计算等。本案例主要对文本信息进行情感分析，得出情感极性，以便正确分类。根据以上描述输入代码，如案例 12-5 所示。

案例 12-5：签名情感极性分类（完整代码见网盘 12-5 文件夹）

```
In [1]: from snownlp import SnowNLP
In [2]: import csv
In [3]: def getInfo(filename,index):
            lstdata=[ ]
            with open(filename,'r') as fr:
                reader=csv.reader(fr)
                for i in reader:
                    if i!='':lstdata.append(i[index])
            file = open('sign.txt', 'a', encoding='utf-8')
            for ld in lstdata:
                signature = ld.strip().replace("emoji", "").replace("span", "").replace("class", "")
                rec = re.compile("1f\d+\w*|[<>/=]")
                signature = rec.sub("", signature)
                file.write(signature + "\n")
                signature = rec.sub("", signature)
                if signature!="":
                    s = SnowNLP(signature)
                    if s.sentiments > 0.5:
                        file.write('情感分析：积极!****')
                    elif s.sentiments <= 0.5:
                        file.write('情感分析：消极!****')
```

```
file.write(signature + "\n")
```

保存的部分情感极性分类文件 sign.txt 内容如图 12-5 所示。

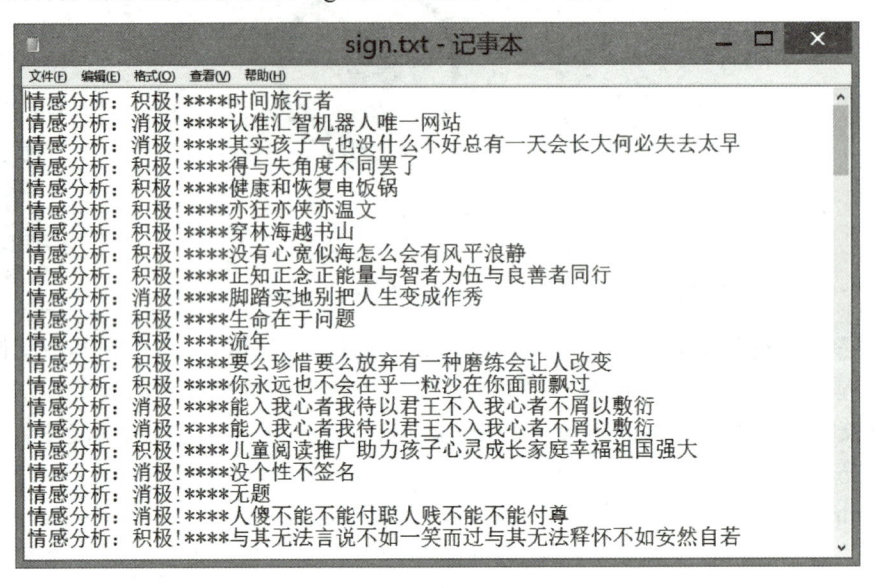

图 12-5　部分情感极性分类文件 sign.txt 内容

运行结果分析：

本案例首先新建 getInfo(filename,index)函数用于读取"我的微信好友信息.csv"文件的签名信息。如果某条签名信息不为空，则保存到列表 lstdata 中，然后对列表进行预处理，删除一些表情符、特殊字符、数字等，只保留汉字。接着调用 SnowNLP()函数对某条签名进行情感极性判定，数值越高，则情感强度越大，即越褒义，反之越贬义。

从图 12-5 所示的情感分析结果可以看出，微信好友签名褒义居多，大多是性格乐观向上的。签名为贬义的，好友性格大多是谨慎小心的。具体情感强度取值分布如图 12-6 所示。

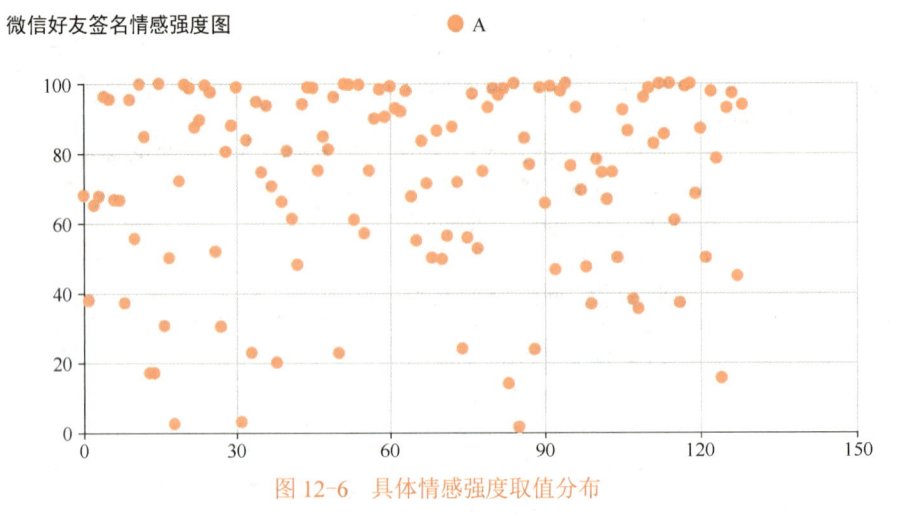

图 12-6　具体情感强度取值分布

什么是数据挖掘（Data Mining）？简而言之，就是有组织、有目的地收集数据，通过分析数据使之成为信息，从而在大量数据中寻找潜在规律以形成规则或知识的技术。

目前国内的互联网金融行业正处于发展阶段，而大数据技术对互联网金融的发展具有至关重要的作用。互联网金融不可避免地会产生海量的数据，如何利用大数据技术对这些数据进行合理的分析是互联网金融成功发展的关键。

12.3 习题

1. 微信与 QQ 有什么区别？比如功能、适用人群、开发者、用途方面等。
2. 对于微信、QQ、抖音、TIKTOK 等社交媒体软件，国内外覆盖率如何？请自己查资料总结。
3. 什么是数据分析和可视化？有什么用处？需要掌握哪些工具？
4. 安装 itchat 库和 pyecharts 库，写出安装过程。
5. 利用微信好友.csv 文件，读取并显示男女比例，并用饼图可视化。
6. 请绘制你的微信好友省份和城市分布图，并说明从图中可以得出什么结论。
7. 绘制你家所在地的某市各区县人口数量分布地图。

参 考 文 献

[1] 马瑟斯. Python 编程从入门到实践[M]. 袁国忠，译. 3 版. 北京：人民邮电出版社，2023.
[2] 丘恩. Python 核心编程 [M]. 2 版. 宋吉广，译. 北京：人民邮电出版社，2008.
[3] 朱雷. Python 工匠：案例、技巧与工程实践[M] . 北京：人民邮电出版社，2022.
[4] 明日科技. Python 从入门到实践[M] . 长春：吉林大学出版社，2020.
[5] MCKINNEY W. 利用 Python 进行数据分析[M]. 唐学韬，等译. 北京：机械工业出版社，2014.
[6] 韦玮. 精通 Python 网络爬虫：核心技术、框架与项目实战[M]. 北京：机械工业出版社，2017.
[7] 耶鲁玛莱. 轻松学 Python[M]. 周子衿，陈子鸥，译. 北京：清华大学出版社，2021.
[8] 克拉克. 趣味微项目，轻松学 Python[M]. 杨欣，韩轶男，于妙妙，译. 北京：清华大学出版社，2022.